GOOD VACCINATION PRACTICES

禽用疫苗
接种质量管理规范

刘东 张翔 刘丰波/主编

GVP

中国农业出版社
北 京

■ 内容提要

本书由青岛易邦生物工程有限公司编写。编者以家禽免疫的质量控制为出发点，以禽用疫苗的免疫操作为线索，制定了运行管理体系、操作规范等标准，其目的在于提高从业人员免疫操作、管理及评估的能力，提升家禽免疫防疫水平。

《禽用疫苗接种质量管理规范》（Good Vaccination Practices，GVP）全书分总论、管理制度、标准操作规程（Standard Operation Procedures，SOP）及附录四个部分。GVP总论阐述了GVP的概念、目的和意义及其架构；同时介绍了禽用疫苗的概念，家禽免疫的原理和意义，有助于读者系统地理解GVP。管理制度是GVP顺利、高效运行的制度保障，通过GVP运行、疫苗管理、生物安全、鸡群健康、设备管理、操作管理、记录管理、人员考核等各项制度，规范疫苗接种全过程，包括人员、过程、方法、评估、记录、考核的一整套管理制度。在GVP运行和制度的保障下，执行疫苗接种SOP可进一步规范疫苗接种质量，包括活疫苗接种SOP（点眼、滴鼻、饮水、刺种、气雾、滴口、涂肛）、灭活疫苗接种SOP（颈部皮下、腹股沟皮下、胸部浅层肌肉、翅根肌肉、腿部肌肉）、雏禽自动注射机接种SOP、马立克氏病液氮苗接种SOP和球虫疫苗接种SOP，是GVP指导现场操作的重要核心部分。附录中的表格，马立克氏病液氮苗、球虫疫苗免疫操作挂图，供读者参考或直接应用于现场；大家更可以扫描二维码免费观看禽用疫苗免疫接种操作视频，通过影像更好地学习和掌握免疫接种技术。

本书内容翔实，符合实际生产需要，是关于禽用疫苗免疫接种管理考核体系及操作技能的一本较为全面、系统的专著，适用于养殖企业、动物诊疗机构等从事家禽养殖、疫病防控等工作的相关人员。

编写人员

顾　问：杜元钊

主　编：刘　东　张　翔　刘丰波

参　编：范庆增　刘　平　李　彬　栾栋祖　王群义　周建超
潘金金　陈先亮　刘红祥　马　冬　钟　声　张宇龙
张玉杰　宋姗姗　杨少艳　于　静　高天佐　许春雨
王玉超　袁　飞　李　坤　梁俊超　郝尧光　王宗升
王辉之　胡继明　马振乾　楚电峰　韩建文　徐太辉
宫　晓　李金积　李明勇　张月平　刘晓东　王福军
康向东　秦念怡　郎　枫　马守泓　刘祥东　毛瑞坡
李言谱　韩　越　苏国栋　刘国耀

GVP

前　言 FOREWORD

在家禽养殖业蓬勃发展的今天，生产方式发生了巨大转变，规模化、标准化、专业化步伐加快。面对影响家禽养殖健康发展的传染性疾病，免疫预防是重要的防控手段。优质的疫苗、科学的免疫程序、规范的免疫操作是保证免疫成功的三要素。2004年疫苗生产企业运行生产质量管理规范（Good Manufacturing Practices，GMP）体系至今，疫苗质量得到了规范、有效、准确的控制。随着对家禽疫病的深入研究和生产现场的不断摸索，已经总结出一套科学、合理、有效的免疫程序用来指导疫病防控。但免疫操作一直缺乏规范、准确的操作标准和考评办法。据此，青岛易邦生物工程有限公司组织安排成立禽用疫苗接种质量管理规范（Good Vaccination Practices，GVP）编制小组，系统编制GVP资料，为养殖现场免疫接种提供一套管理和操作的标准体系，使免疫防控三要素形成闭环。

GVP涵盖疫苗接种前准备、接种到接种后评估全过程的操作规范，是保证禽用疫苗安全、有效、规范接种的标准体系。

GVP的制订为使用者提供了管理依据和操作标准，可有效提高禽用疫苗的接种质量，有效避免因免疫操作不当导致的免疫副反应强以及免疫失败等情况，直接或间接地提高禽用疫苗使用企业的经济效益，避免资源的浪费，同时为动物诊疗机构从业人员提供诊疗、防控等工作的参考，助力畜牧业健康、长期的发展。

本书历时一年完成，编者结合多年来在养殖一线服务经验和实验数据编制成册。书中难免存在不当之处，敬请专家、老师、同仁批评指正。

感谢广大朋友在本书编写过程中给予的大力帮助！

编　者

2020年8月

目　录 CONTENTS

01 | 第一章

禽用疫苗接种质量管理规范（GVP）总论

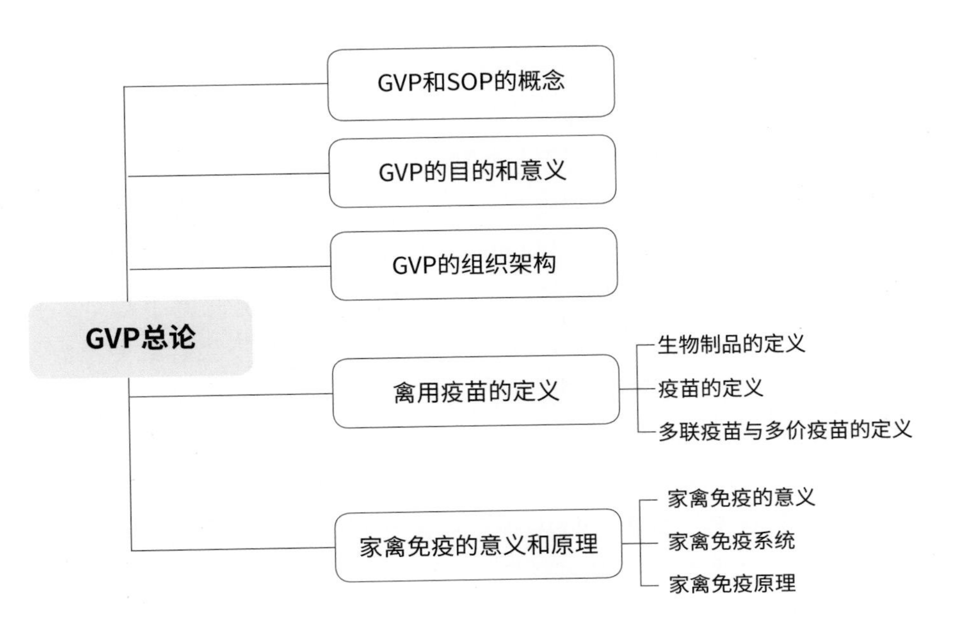

第一节　GVP和SOP的概念

禽用疫苗接种质量管理规范（Good Vaccination Practices，GVP）是在禽用疫苗接种全过程中，用科学、合理、规范的制度和方法来保证疫苗有效接种的一套科学管理标准体系。它是禽用疫苗质量管理和接种操作的基本准则，是从疫苗接种前准备、接种到接种后评估全过程的操作规范，是保证禽用疫苗安全、有效、规范接种的标准体系。

标准操作规程（Standard Operation Procedure，SOP）是将某一事件的标准操作步骤和要求以统一的格式描述出来，用来指导和规范日常的工作。SOP的精髓就是对某一程序中的关键控制点进行细化和量化。

第二节　GVP的目的和意义

在当今的家禽养殖场，禽用疫苗被广泛应用于家禽疫病预防，优质的疫苗、科学的免疫程序、规范的免疫操作是控制家禽免疫质量的三要素。随着生产质量管理规范（GMP）的高效运行，疫苗的质量和免疫程序的科学性均得到了规范控制和实践验证。但是，由于目前国内外缺乏标准、系统的免疫操作规范，从业者无规范可依，禽用疫苗使用不规范，疫苗储存、运输不当导致疫苗效力降低或失效，免疫操作不当导致免疫副反应强甚至免疫失败，免疫接种的质量缺乏评估，免疫过程无从追溯和分析等一系列问题也普遍存在。

禽用疫苗接种质量管理规范涵盖了疫苗接种前包括疫苗的运输、储存、检查等环节，免疫过程中的免疫操作质控点与免疫后接种过程的追溯和接种质量的评估，使免疫防控三要素形成闭环。GVP不仅为禽用疫苗使用者提供了系统的管理依据和操作标准，有效提高了禽用疫苗的接种质量，避免了因免疫操作不当导致的免疫副反应强以及免疫失败等情况，直接或间接地提高了禽用疫苗使用企业的经济效益，同时也为相关从业人员的培训学习和能力提升提供了参考资料，为畜牧业的健康、长期发展助力。

第三节 GVP的组织架构

GVP作为家禽疫病防控的重要运行体系，使用者应给予高度重视，组织架构见图1-1。GVP办公室主任一般由养殖事业部负责人担任，负责GVP的组织、实施及GVP各部门工作的考核等，保证免疫全过程的安全、有效、规范。动物福利与伦理审查委员会负责有关免疫接种动物的福利伦理审查与监督。后勤保障部应由库房、运输等部门组成，负责禽用疫苗和免疫相关物品的仓储、分配和回收处理等后勤保障工作。免疫队可根据使用者实际情况自行组建或外部合作，是免疫工作的落实者，是免疫操作质量的执行者。质量监督部多由动保中心等技术部门相关兽医专业人员组成，负责免疫各环节的检查、评估和审核工作。

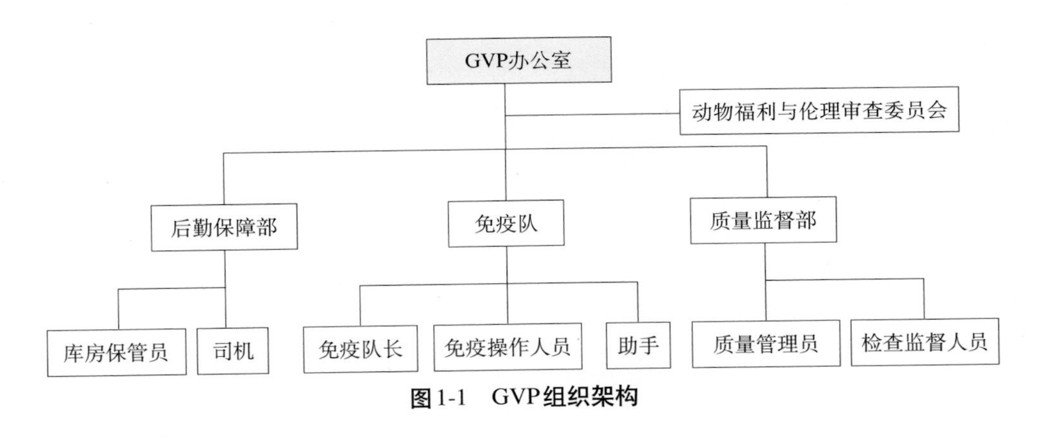

图1-1 GVP组织架构

第四节 禽用疫苗的定义

一、生物制品的定义

生物制品是根据免疫学原理，利用微生物或寄生虫及其代谢产物或应答产物制备的一类物质，用于相应疾病的预防、诊断或治疗。从狭义上讲，用于预防、治疗疾病的疫苗、抗血清和诊断制品称为生物制品；从广义上讲，血液制剂、脏器制剂及非特异性免疫制剂（如干扰素、胸腺肽、微生态制剂、丙种球蛋白等）也包括在内。

二、疫苗的定义

疫苗是由病原微生物、寄生虫及其组分或代谢产物所制成的，用于人工主动免疫的生物制品。从疫苗的研发技术来看，疫苗可分成传统疫苗和新型疫苗两类。

（一）传统疫苗

传统疫苗即采用病原微生物及其代谢产物，经过人工减毒、脱毒、灭活等方法制成的疫苗，主要包括活疫苗和灭活疫苗两类（表1-1）。

表1-1　传统疫苗的分类、定义及优缺点

分类	定义	优点	缺点
活疫苗	病原微生物毒力逐渐减弱或丧失，毒力稳定不返强，而且保持了良好的免疫原性，用这种活的病原微生物制成的疫苗	接种后能在动物体内增殖，激活机体细胞免疫和黏膜免疫系统，抗体产生快、免疫效果牢固	运输和保存要求高
灭活疫苗	选用免疫原性好的细菌、病毒等经人工培养后，用物理或化学方法使其失去活性（灭活），丧失传染性，但仍保留免疫原性	安全、不存在散毒的风险，便于贮存和运输，受母源抗体的影响小，产生抗体水平高	不产生局部免疫，引起细胞免疫的能力较弱，免疫力产生较慢，通常在接种2周后才能获得良好的免疫力

（二）新型疫苗的定义

新型疫苗是采用生物化学合成技术、人工诱变技术、分子微生物学技术、基因工程技术等现代生物技术制造的疫苗。包括基因工程载体疫苗、基因工程亚单位疫苗、基因缺失疫苗、基因重组疫苗、核酸疫苗、多肽疫苗等（表1-2）。

表1-2　新型疫苗的分类、定义及代表产品

分类	定义	代表产品
基因工程载体疫苗	利用微生物做载体，将保护性抗原基因重组到微生物体中，利用这种能表达保护性抗原基因的重组微生物制成的疫苗称为载体疫苗	鸡传染性喉气管炎重组鸡痘病毒基因工程疫苗、鸡传染性法氏囊病病毒火鸡疱疹病毒载体活疫苗等
基因工程亚单位疫苗	将病原体保护基因克隆于原核或真核表达系统，实现体外高效表达，获得重组免疫保护蛋白所制造的一类疫苗	鸡传染性法氏囊病基因工程亚单位系列疫苗、猪圆环病毒2型基因工程亚单位疫苗等
基因缺失疫苗	应用基因工程技术，将强毒力相关基因切除或失活构建的活疫苗	伪狂犬病活疫苗等
基因重组疫苗	通过基因工程技术，将病原微生物致病性基因进行修饰、突变或缺失获得弱毒株制成的疫苗	重组禽流感病毒（H5+H7）三价灭活疫苗、重组新城疫病毒-禽流感病毒（H9亚型）二联灭活疫苗等
核酸疫苗	通过基因技术将含有目的编码蛋白基因序列的质粒载体注入宿主体内，通过宿主细胞表达的疫苗	禽流感DNA疫苗等
多肽疫苗	用化学合成法或基因工程手段合成病原微生物的保护性多肽或表位并将其连接到大分子载体上，再加入佐剂制成的疫苗	猪口蹄疫合成肽疫苗等

三、多联疫苗与多价疫苗的定义

应用多联疫苗或多价疫苗可以减少人力、物力的消耗，减少免疫靶动物的应激反应次数，扩大疫苗的免疫范围（表1-3）。

表1-3　多联疫苗、多价疫苗的定义及代表产品

分类	定义	代表产品
多联疫苗	不同微生物或其代谢产物组成的疫苗	鸡新城疫-传染性支气管炎-传染性法氏囊病-病毒性关节炎四联灭活疫苗、鸡新城疫-传染性支气管炎-禽流感（H9亚型）-传染性法氏囊病四联灭活疫苗等
多价疫苗	同种微生物不同血清型或毒株所制成的疫苗	重组禽流感病毒（H5+H7）三价灭活疫苗等

第五节　家禽免疫的意义和原理

一、家禽免疫的意义

传染病的发生、传播和终止的过程，称为传染病的流行过程。传染病的流行必须具备的三个环节为传染源、传播途径和易感动物。接种疫苗是预防家禽传染病最经济、有效的手段。疫苗的免疫接种可以提高家禽对某些传染病的特异性抵抗力，消除易感动物，避免家禽的发病。对于某些家禽传染病，可以通过疫苗免疫接种控制其发生和流行，最终消除或消灭该传染病，达到净化该疾病的目的。例如，国家强制免疫的禽流感灭活疫苗，家禽通过免疫该疫苗可有效预防禽流感的发生。

二、家禽免疫系统

家禽的免疫功能是在组织器官中，由免疫细胞及其产生的免疫分子相互作用完成的。具有免疫作用的细胞、免疫分子及其相关的组织和器官组成的系统，称为家禽的免疫系统。免疫系统主要包括参与免疫应答的中枢免疫器官、外周免疫器官和各种免疫细胞、免疫分子等。家禽特有的免疫器官有法氏囊和哈德腺，鸭、鹅有淋巴结而鸡没有淋巴结，只有集合淋巴组织（图1-2）。

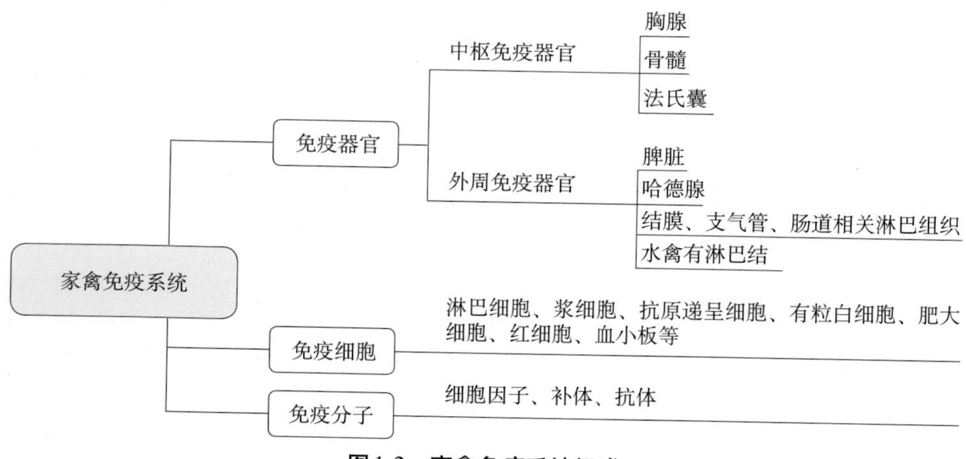

图1-2　家禽免疫系统组成

三、家禽免疫原理

家禽的免疫按免疫应答方式可分为非特异性免疫和特异性免疫。非特异性免疫主要通过组织结构、体液、吞噬细胞（包括异嗜细胞和巨噬细胞）、补体、自然性杀伤细胞等实现，是机体第一道免疫防御系统的体现，对抗原为非特异性。特异性免疫由多种细胞（主要包括T细胞、B细胞和巨噬细胞）介导，主要有细胞免疫和体液免疫两种表现形式，对抗原具有高度特异性，同时对遭遇过的病原具有记忆性；当机体再次遇到该病原时，记忆细胞将产生更加快速和强大的免疫反应，疫苗免疫就是利用这种反应特点。

特异性免疫力按获得途径分为主动免疫力和被动免疫力，主动免疫力是家禽感染或免疫后主动产生获得的免疫力；被动免疫力是母源抗体或注射抗体后直接获得的免疫力。从抗体持续时间上来看，主动免疫力维持时间长，通常为6个月保护期或终身保护；被动免疫力维持时间短，通常不会超过1个月，卵黄抗体只能维持5～7天（图1-3）。

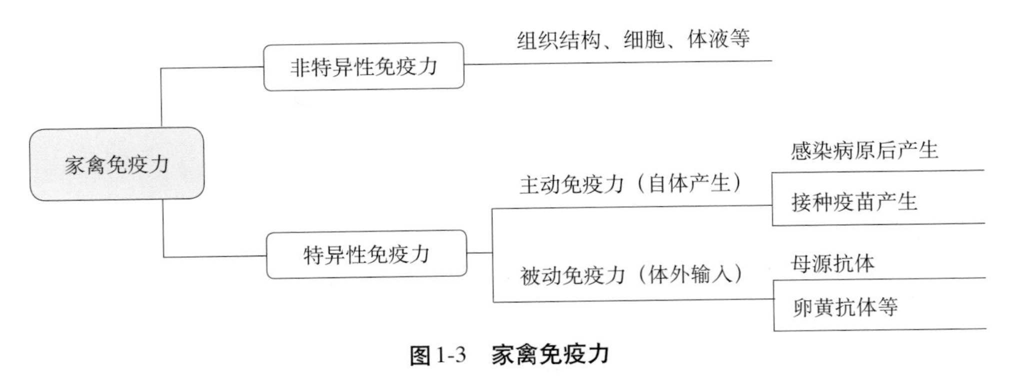

图1-3 家禽免疫力

疫苗免疫接种是家禽主动获得特异性免疫力的重要途径。疫苗接种后，抗原物质首先被巨噬细胞吞噬、加工、处理，把抗原信息传递给免疫活性细胞，进而激活T细胞和B细胞。B细胞产生大量特异性抗体，诱导体液免疫；T细胞增殖后形成致敏淋巴细胞，产生淋巴因子和杀伤细胞，诱导细胞免疫，使机体通过免疫的方法就可以获得抵抗某种传染病的能力（图1-4）。

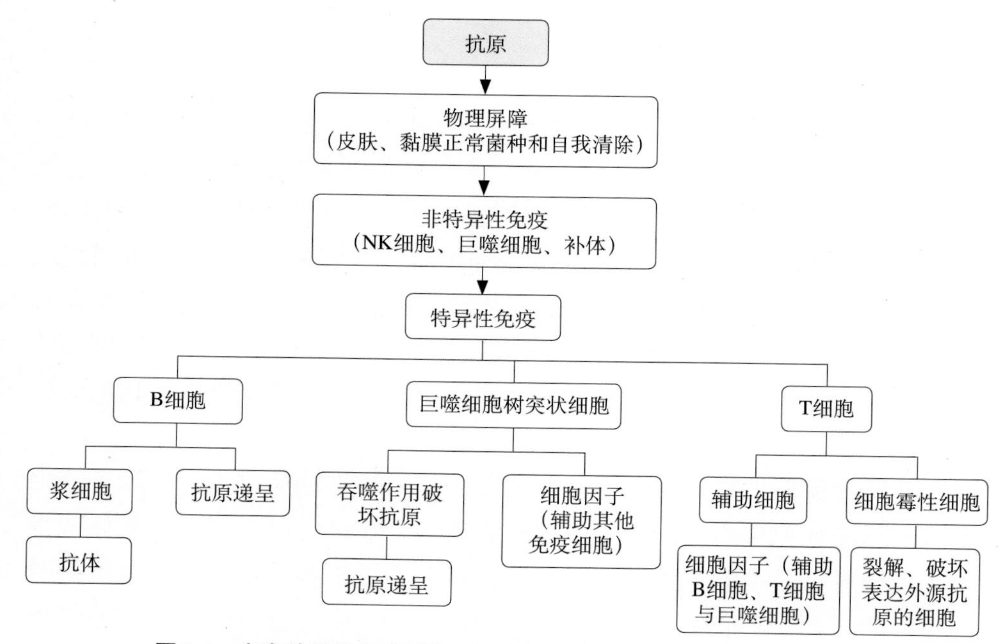

图1-4　家禽特异性免疫过程［引自《禽病学》（第十二版），2011］

02 第二章

GVP 管理制度

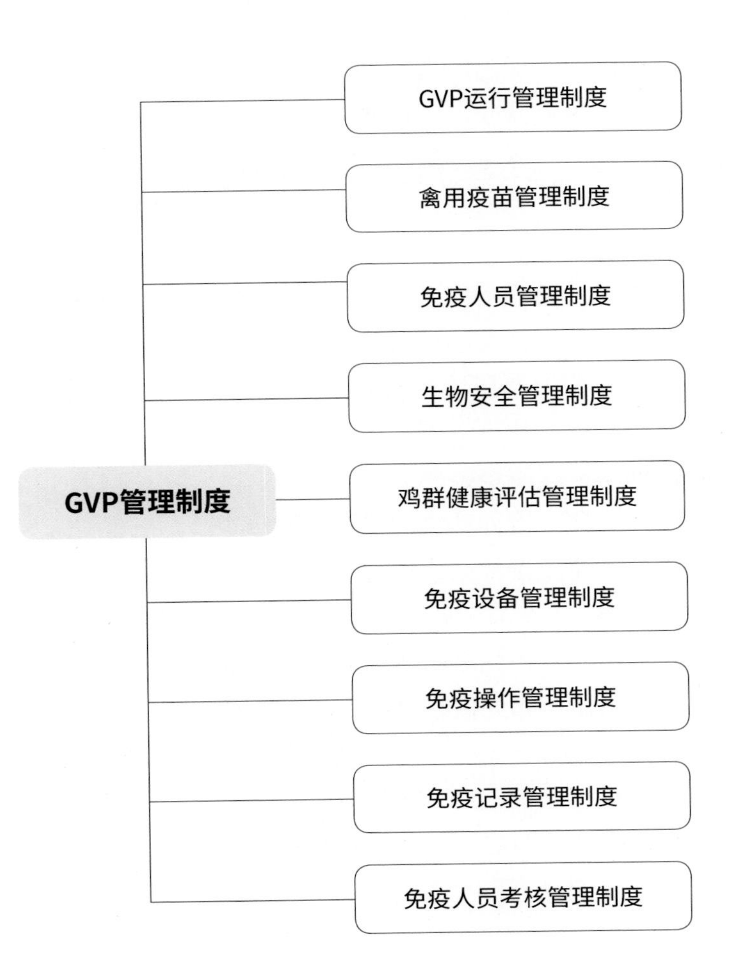

第一节　GVP运行管理制度

【目的】对禽用疫苗接种前、接种及接种后各环节实施有效控制，保证禽用疫苗接种全过程程序规范、运行有效。

【适用范围】禽用疫苗接种全过程的管理。

【组织建制】

1.GVP办公室　由办公室主任和工作人员组成，办公室主任一般由养殖事业部主要负责人担任。

2.动物福利与伦理审查委员会　由委员会主任和委员组成，委员会主任一般由GVP办公室主任同级管理者担任。

3.后勤保障部　一般由库房、运输等部门组成。

4.免疫队　由免疫队长、免疫操作人员和助手组成。

5.质量监督部　一般由动保中心等技术部门组成。

【各部门职责】

1.GVP办公室

（1）组织协调、监督考核各部门日常工作，承担批办事项的督查督办工作，保证GVP体系正常有序运行。

（2）负责组织GVP质量体系文件、各项规章制度的编审工作，监督检查GVP各项管理制度的执行情况。

2.动物福利与伦理审查委员会

（1）负责有关免疫接种动物的福利伦理审查。

（2）负责有关免疫接种动物的福利伦理监督管理。

3.后勤保障部

（1）负责禽用疫苗和免疫相关物品的仓储工作。

（2）负责禽用疫苗和免疫相关物品的分配和运输工作。

（3）负责免疫队免疫过程中产生的疫苗瓶、针头等废弃物的处理工作。

4.免疫队

（1）负责免疫计划的协调、安排、组织、落实工作。

（2）严格执行GVP办公室安排和养殖场相关规定，配合质量监督部的审核。

（3）严格按照各免疫接种SOP，规范操作、准确接种、记录考核。

5. 质量监督部

（1）负责公司禽用疫苗和免疫相关物品的质量审核工作。

（2）负责养殖场待免疫鸡群的健康评估工作。

（3）负责免疫队免疫情况的检查和评估工作。

（4）负责免疫队相关技能培训和考核工作。

第二节　禽用疫苗管理制度

【目的】规范禽用疫苗接收、出入库、保存及运输等环节的管理，保证禽用疫苗在使用前的质量可控。

【适用范围】后勤保障部、质量监督部。

【责任者】后勤保障部、质量监督部相关人员。

【正文】

1. 疫苗接收

（1）疫苗由库房保管员负责核对、接收，质量监督部负责监督、核查。

（2）库房保管员应逐批、逐品种核对疫苗，内容应包括疫苗运输、疫苗信息、疫苗质量等。

（3）疫苗运输的核对内容应包括疫苗冷链运输质量、疫苗数量。

（4）疫苗信息的核对内容应包括疫苗的名称、种类、疫苗生产单位、批准文号、标签、说明书、批签发证明、包装标识、生产批号、出厂日期和有效期等。

（5）疫苗质量的核对内容应包括疫苗外包装完整性、疫苗瓶完整性、疫苗物理性状等。

（6）填写《疫苗质量核对记录表》（表2-1和附录一）；接收符合规定的疫苗；不符合规定的疫苗不得接收。

表2-1　疫苗质量核对记录表

疫苗质量核对记录表									
日期	疫苗名称	运输方式	疫苗信息			疫苗质量			核对是否合格
		冷链运输是否正常	疫苗标签标示是否清晰	疫苗资质文件是否齐全	是否在有效期内	外包装是否完整	疫苗瓶是否完整	疫苗物理性状是否正常	
		是□ 否□	是□ 否□	是□ 否□	是□ 否□	是□ 否□	是□ 否□	是□ 否□	是□ 否□
		是□ 否□	是□ 否□	是□ 否□	是□ 否□	是□ 否□	是□ 否□	是□ 否□	是□ 否□
		是□ 否□	是□ 否□	是□ 否□	是□ 否□	是□ 否□	是□ 否□	是□ 否□	是□ 否□
		是□ 否□	是□ 否□	是□ 否□	是□ 否□	是□ 否□	是□ 否□	是□ 否□	是□ 否□

2. 疫苗出入库

（1）符合规定的疫苗，核对订货数量后，按疫苗保存条件入库保存，填写《疫苗出入库登记表》（表2-2和附录二）。

表2-2　疫苗出入库登记表

疫苗出入库登记表										
日期	出/入库	疫苗名称	生产厂家	规格	数量	有效期至	储存条件	冷藏设备编号	经办人	备注
	出□　入□									
	出□　入□									
	出□　入□									
	出□　入□									
	出□　入□									

（2）库房保管员接收到质量监督部相关负责人审批后的《疫苗领用申请单》（表2-3和附录三），方可进行疫苗的出库。

表2-3　疫苗领用申请单

疫苗领用申请单			
申请人		申请日期	
养殖场名称		养殖场地址	
免疫数量		免疫时间	
申请物品	规格	申请数量	备注
养殖场场长确认			
质量监督部意见			

（3）出库时，库房保管员应按规定的内容对出库的疫苗进行逐项检查、核对，填写《疫苗出入库登记表》。

3.疫苗保存

（1）疫苗保存由库房保管员负责，质量监督部负责监督、核查。

（2）疫苗保存应设独立库房，并配备性能稳定的保存设备。库房应配备冷藏箱（包）、冰盒、冰袋等运输或应急保冷设备。

（3）库房保管员每天记录疫苗保存设备的运行状况，确保保存条件符合疫苗保存要求，并填写《保存设备使用记录表》（表2-4和附录四）。

（4）库房保管员随时掌握保存疫苗的有效期和物理性状，严禁使用失效变质和过期的疫苗，每月应清库盘点一次，填写《疫苗出入库登记表》。

表2-4　保存设备使用记录表

保存设备使用记录表					
日期	时间	设备编号	运行状态是否正常	记录人	备注
			是□　否□		
			是□　否□		
			是□　否□		
			是□　否□		
			是□　否□		

4. 疫苗运输 运输前司机应与库房保管员核对领用信息，明确疫苗的运输条件，按要求使用冷藏车或保温箱运输，严禁无冷藏设施设备运输疫苗。

第三节 免疫人员管理制度

【目的】规范禽用疫苗接种相关人员管理，保证疫苗接种相关人员的工作质量。

【适用范围】免疫队、质量监督部。

【责任者】免疫队、质量监督部相关人员。

【正文】

1. 免疫队长职责

（1）负责免疫队工作计划与安排等协调工作。

（2）负责免疫队人员技能、分工和工作改进等工作。

（3）监督检查免疫队所需免疫设备和物品的准备、消毒等工作。

（4）负责免疫当日和场区人员的对接，核对疫苗和物品的领用及退还，强调免疫队免疫前工作安排和注意事项。

（5）免疫中检查免疫剂量、免疫效果，提醒免疫操作人员严格执行各免疫接种SOP，根据免疫进度协调工作。

（6）免疫后清点所使用疫苗及物品，剩余疫苗及物品回收或处理，总结全队免疫情况，填写《免疫信息实时记录表》（附录五）。

2. 免疫操作人员职责

（1）服从免疫队长工作安排，提高工作技能。

（2）按照免疫计划消毒、校准所需免疫接种设备和用具。

（3）遵守养殖场生物安全制度和工作秩序，服从养殖场其他工作要求。

（4）对免疫操作持严肃、谨慎、认真态度，严格执行免疫接种SOP，保质保量完成免疫接种工作。

（5）免疫后清点、整理、初步处理设备和用具，按要求处理针头等特殊物品。

（6）免疫过程中互相督促，发现问题及时纠正。

3.助手职责

（1）服从免疫队长工作安排，提高工作技能。

（2）按照计划准备、消毒抓拦家禽所需物品。

（3）遵守养殖场生物安全和工作秩序，服从工作场其他安排。

（4）助手严格按照各免疫接种SOP保定家禽，协助免疫操作人员完成免疫接种。

（5）网养和平养模式，按照免疫进度确定家禽赶拦数量并提前赶拦家禽，观察家禽大群情况，及时驱赶防止热应激。

（6）免疫后整理、清点抓拦家禽所用物品。

第四节　生物安全管理制度

【目的】规范免疫人员进出场和场内生物安全措施，规避免疫队人员对养殖场生物安全造成影响。

【适用范围】免疫队、质量监督部。

【责任者】免疫队、质量监督部相关人员。

【正文】

1.严格执行养殖场生物安全制度。

2.进场

（1）车辆　每次转场前应彻底清理、清洁车辆内外，禁止将上一个鸡场的物品转入下一个鸡场。车辆停放在场区门外并消毒，禁止进入生产区；确有必要，经养殖场许可、登记后，司机更换防疫服、防疫鞋等，驾驶车辆进入消毒通道进行彻底消毒后方可进入。

（2）人员　进场人员按养殖场要求流程洗澡，更换防疫服和防疫鞋，经专用消毒通道进场。若无消毒通道，可临时搭建消毒通道消毒后进入生产区。

（3）物品　根据养殖场免疫计划，按物品实际情况采取浸泡、喷洒、熏蒸、紫外线照射、隔离等措施进行处理。

3.入舍

（1）人员 入舍前需踩踏消毒盆（垫）进行脚底消毒，双手消毒。活动范围限于免疫计划分配的鸡舍，中途不允许窜舍，不得无故出入生产区。

（2）物品 非必需品如包装盒以及鸡场能自行准备的工具禁止入舍；私人物品，包括首饰、手表、手机等禁止入舍。

4.换舍

（1）人员 换舍入舍前需再次踩踏消毒盆（垫）消毒脚底，双手消毒。活动范围限于更换的鸡舍，中途不允许窜舍，不得无故出入生产区。

（2）物品 换舍前接种设备和物品应再次消毒。

5.物品的使用和处理

（1）疫苗不可窜场和次日使用。

（2）免疫产生的疫苗瓶、针头以及其他用具需按照要求消毒、回收。

（3）免疫器械应在规定位置或出舍前进行消毒和预处理。

6.出场

（1）预处理后的物品按养殖场规定通道转出。

（2）人员洗澡后，走专用消毒通道出场。

第五节 鸡群健康评估管理制度

【目的】规范鸡群健康评估方案，科学评估待免疫鸡群免疫接种前的健康状态。

【适用范围】养殖场、质量监督部。

【责任者】养殖场、质量监督部相关人员。

【正文】

1.鸡群健康评估

（1）质量监督部应在免疫前对待免疫鸡群进行健康状况评估，并填写《鸡群健康状况评估表》。

（2）评估合格的鸡群可按免疫计划正常进行，不合格的鸡群应暂停或延后免疫（表2-5）。

表2-5　鸡群健康状况评估表

鸡群健康状况评估表		
评估项目	是/否	备注
精神是否正常	是□　否□	
粪便是否正常	是□　否□	
采食、饮水量是否正常	是□　否□	
生长发育是否正常	是□　否□	
呼吸道是否正常	是□　否□	
产蛋率是否正常	是□　否□	
死淘是否正常	是□　否□	

注：质量监督部应根据现场情况对鸡群健康进行评估，判定鸡群是否适合免疫。

2.鸡群健康评估标准

（1）外观情况

①精神状态良好、反应灵敏、叫声清脆。应无精神萎靡、呆立、蜷缩趴卧、缩脖乍毛、呼噜咳嗽、怪叫等表现，鸡在舍笼中应均匀分布，无明显扎堆或张口呼吸的情况。

②羽毛色泽明亮、干净顺滑，无羽毛逆立杂乱、沾染粪便等情况。

（2）粪便情况　健康鸡群粪便应软硬适中，呈条状或柱状，上面有少量白色尿酸盐，或从盲肠排出茶褐色较黏的粪便。鸡群中应无粪便稀薄如水，黄绿稀粪，混有血液、黏液、灰白色假膜等异常情况。

（3）采食饮水量　鸡群采食量、饮水量在免疫前3天正常且无明显波动。

（4）生长发育　鸡群生长发育良好，鸡只大小均匀，体重大小符合该品种要求，应无鸡群生长缓慢、均匀度差等情况。

（5）产蛋情况　产蛋性能应与日龄匹配，产蛋率及蛋品质无明显异常变化。

（6）其他情况　鸡群无病症表现，死淘正常。

第六节 免疫设备管理制度

【目的】规范免疫设备的管理，保证免疫设备的正常使用和运行。

【适用范围】后勤保障部、质量监督部、免疫队。

【责任者】后勤保障部、质量监督部、免疫队相关人员。

【正文】

1. 免疫设备的接收和出入库

（1）免疫设备的接收应由专人负责，对设备的外包装、完整性以及配件是否齐全进行检查和核对。

（2）库存工具设备管理由库房保管员负责，做到入库设备严格验收、登记、妥善保管。

（3）设备的出入库应由库房保管员检查核实，准确记录出入库时间等信息，填写《免疫设备出入库登记表》（表2-6和附录六）。

表2-6 免疫设备出入库登记表

免疫设备出入库登记表										
日期	出/入库	设备名称	规格	数量	是否完整	清洁消毒	领用人	经办人	归还日期	备注
	出□ 入□				是□ 否□	是□ 否□				
	出□ 入□				是□ 否□	是□ 否□				
	出□ 入□				是□ 否□	是□ 否□				

2. 免疫设备的使用

（1）建立健全设备安装调试、使用清洁、维护保养SOP和岗位责任制，设备的使用和维护人员必须严格遵守。

（2）设备的使用要落实到具体免疫队、具体使用人，要保证设备的完好，延长使用寿命。

（3）在使用过程中按相应SOP进行维护、保养。

3.免疫设备的清洁与消毒

（1）设备使用后，应及时对设备进行彻底清扫、清洁。

（2）清洁完成后，根据设备的种类和特点，采用适宜的消毒方式对设备进行消毒。

4.免疫设备管理的基础工作

（1）后勤保障部要建立健全设备档案、图纸及技术资料等文件的归档保存制度，认真做好备案工作。

（2）档案材料及各项记录要规范、准确、真实填写，使用黑色或蓝黑色中性笔（钢笔），正楷字体，填写在文件指定表框内或行线上。

（3）建立健全设备使用与维护保养责任制，严格按照相关安装和保养SOP执行，并填写相关记录表。

（4）质量监督部负责定期对设备使用人员进行岗位培训和技能考核，确保设备的规范使用和维护保养。

第七节　免疫操作管理制度

【目的】规范免疫操作管理，保证免疫操作的高效性、规范性和安全性。

【适用范围】质量监督部、免疫队。

【责任者】质量监督部、免疫队相关人员。

【正文】

1.免疫操作人员的技能培训和考核

（1）质量监督部需定期对免疫操作人员进行相应技能培训和考核，考核不通过人员禁止免疫接种。

（2）免疫接种过程中，免疫队长按免疫接种SOP对免疫操作人员进行免疫质量核查和监督，免疫操作人员之间应互相督促。

2.免疫前准备

（1）免疫队长负责领取养殖场当日所需疫苗，对疫苗相关信息进行核对，填写《免疫信息实时记录表》。

（2）根据待免疫苗类型对疫苗进行免疫前准备；灭活疫苗按预温和摇

匀SOP操作，活疫苗按免疫接种SOP操作。

3. 免疫

（1）根据所免疫的疫苗类型和家禽日龄按对应免疫接种SOP操作，免疫操作人员需对家禽个体持严谨、认真、爱护态度，严格执行各免疫接种SOP。

（2）活疫苗的稀释应在3分钟内完成，活疫苗配制后应在规定的时间内用完。

（3）灭活疫苗免疫过程中应定期摇匀，一般每30分钟摇匀一次。注射器针头应定期更换，一般每注射500只家禽更换一次。免疫过程中应抽查注射剂量。

4. 免疫后物品回收与处理

（1）免疫完成后，将未使用的疫苗和免疫接种物品进行清点和归还。对疫苗瓶、针头等废弃物进行统一回收处理。

（2）免疫完成后，免疫队长需对免疫情况进行总结与记录，填写《免疫信息实时记录表》。

（3）检查监督人员对免疫情况进行核查和确认。

第八节　免疫记录管理制度

【目的】规范免疫记录管理，保证免疫接种的准确性、有序性、可追溯性。

【适用范围】GVP所涉及的管理文件及免疫接种SOP。

【责任者】免疫队长、质量监督部相关人员。

【正文】

1. 待免疫鸡群信息记录

（1）免疫队长制定工作计划和分工安排前，需与养殖场沟通确认待免疫鸡群信息并记录。

（2）记录内容应包括养殖场名称，详细场址及联系人，联系电话，待免疫鸡群品种、数量、日龄、鸡群状况及待免疫苗种类和品种、计划免疫时间。

（3）可参考执行《免疫信息实时记录表》《鸡群健康评估表》。

2. 免疫分工记录

(1) 免疫队长根据免疫队工作安排及免疫队人员情况进行分工，内容包括免疫时间、免疫鸡舍、人员分组、计划分工、配苗清场等。

(2) 免疫过程中，免疫队长需对免疫操作人员负责区域/列进行监督检查，并记录。

(3) 可参考执行《免疫信息实时记录表》。

3. 待免疫疫苗及相关物品领用记录

(1) 确认待免疫鸡群所需疫苗和相关物品数量、规格，进行领用出库，并记录。

(2) 可参考执行《疫苗出入库记录表》《免疫信息实时记录表》。

4. 剩余疫苗及相关物品回收处理记录

(1) 免疫结束后，免疫队长应对剩余疫苗及相关物品进行清点和退还，并记录。疫苗瓶、针头等废弃物品，按照相关规定统一处理，并记录。

(2) 可参考执行《疫苗出入库记录表》《免疫信息实时记录表》。

5. 免疫评估记录

(1) 免疫结束后，质量监督部应对免疫情况进行考核评估，并记录。

(2) 可参考执行各免疫接种质量评估表。

6. 免疫记录

(1) 免疫评估结束后，免疫队长应对此次免疫的相关信息进行汇总和记录，内容应包括免疫日期、起止时间、接种剂量、方法、使用总量、免疫后鸡群状况等。

(2) 可参考执行《免疫信息实时记录表》。

第九节　免疫人员考核管理制度

【目的】规范免疫队人员考核管理，保证免疫人员考核科学，免疫过程控制有效。

【适用范围】免疫队。

【责任者】质量监督部相关人员、免疫队长。

【正文】

1.免疫队长的考核内容

（1）免疫工作计划和工作安排的合理性和完成情况。

（2）免疫队人员分配的合理性。

（3）是否存在未确认待免疫疫苗导致免疫错误的情况。

（4）免疫过程中对免疫操作人员免疫接种SOP执行情况的监督和检查，是否出现因免疫操作人员免疫接种失误导致的免疫评估总评“一般”或“差”。

（5）免疫前疫苗准备、稀释、配制、分发的规范性和时效性。

（6）免疫后疫苗、疫苗瓶、针头等相应处理和回收的规范性。

（7）免疫结束后主持进行全队总结的完成情况。

（8）免疫记录的准确性、完整性、真实性。

2.免疫操作人员的考核内容

（1）养殖场生物安全规定的执行情况。

（2）免疫设备清洁、消毒完成情况。

（3）免疫队长工作安排的执行情况。

（4）免疫接种SOP的执行情况。

3.助手的考核内容

（1）养殖场生物安全规定的执行情况。

（2）抓拦家禽所用设备的清洁、消毒完成情况。

（3）抓拦家禽过程动物福利与伦理要求的执行情况。

（4）免疫接种SOP的执行情况。

（5）免疫队长工作安排及其他协助工作的执行情况。

03 第三章

常见免疫设备及用具

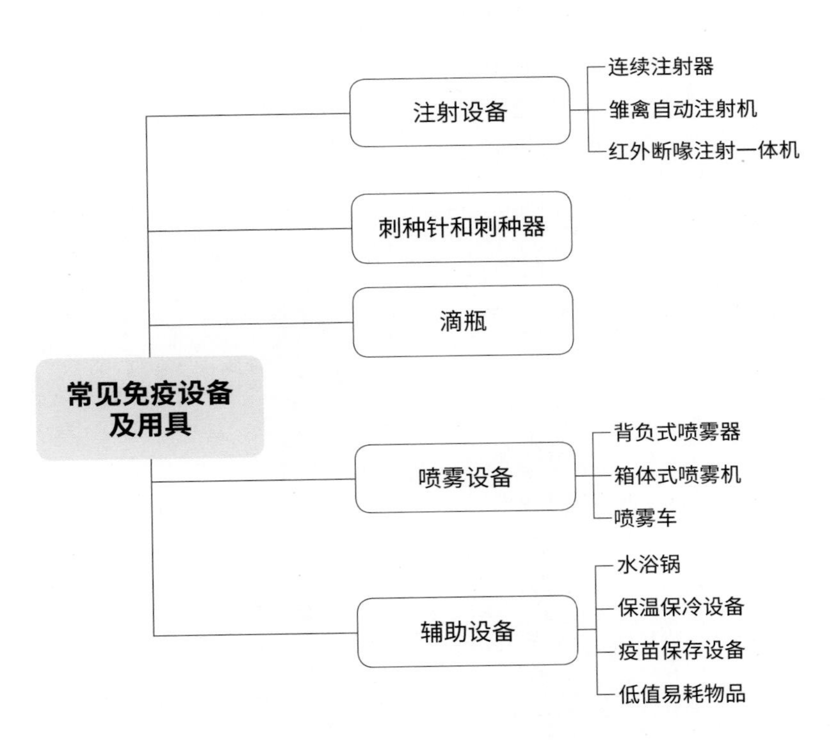

第一节 注射设备

一、连续注射器

连续注射器适用于灭活疫苗注射、活疫苗滴口的个体免疫操作。连续注射器分为单针单液连续注射器（图3-1）、单针双液连续注射器（图3-2）和双针双液连续注射器（图3-3）。

根据注射剂量是否可调，分为固定剂量连续注射器和可调剂量连续注射器。固定剂量连续注射器（图3-4）一般配有若干固定剂量的活塞，可基本满足疫苗接种需要。可调剂量连续注射器则是在一定范围（如0.1～2毫升）内剂量可调，刻度一般精确到0.05毫升。

连续注射器使用广泛，安装调试、使用、清洁、维护保养简单，是目前灭活疫苗免疫接种过程中应用最广泛的注射设备。

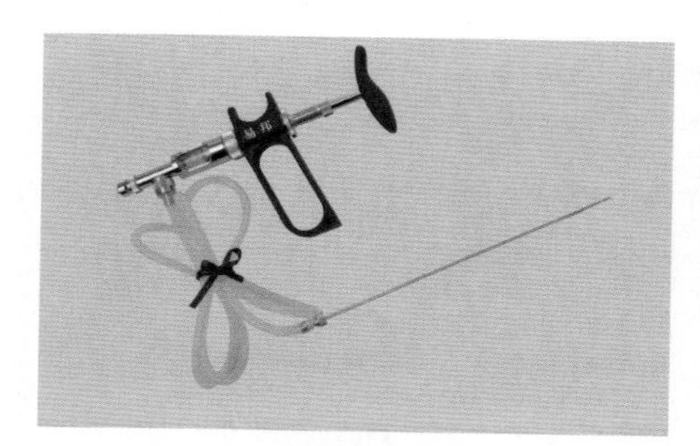

图3-1 单针单液连续注射器

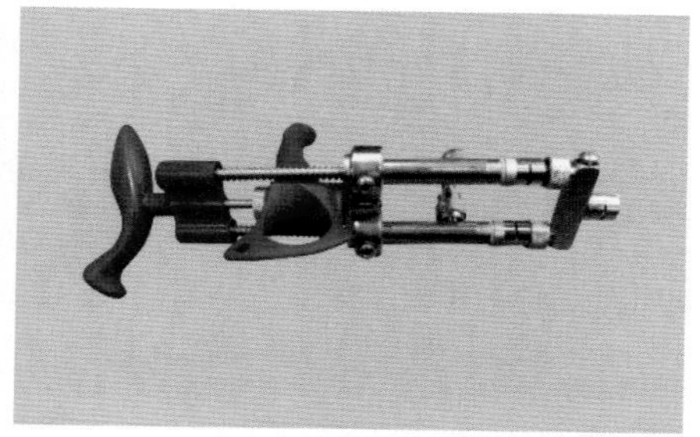

图3-2 单针双液连续注射器

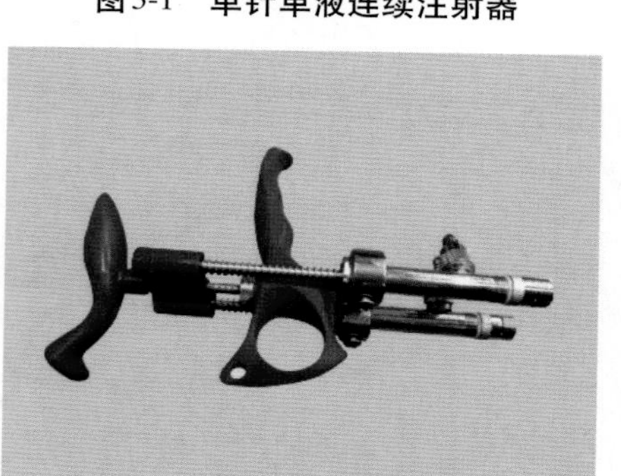

图3-3 双针双液连续注射器

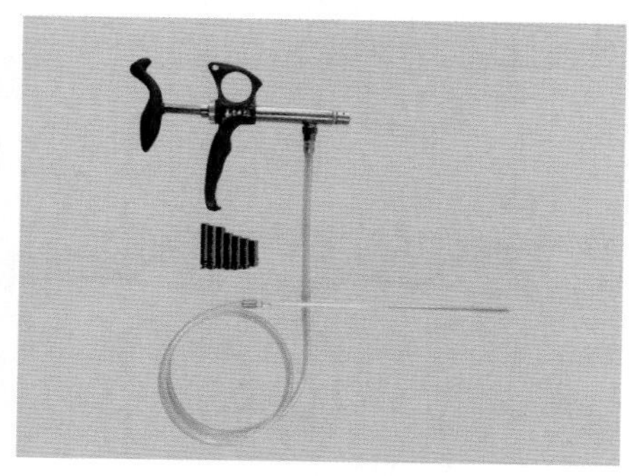

图3-4 固定剂量连续注射器

二、雏禽自动注射机

雏禽自动注射机（图3-5）是适用于孵化场1日龄雏鸡、雏鸭、雏鹅等雏禽颈部皮下注射接种的专用设备。

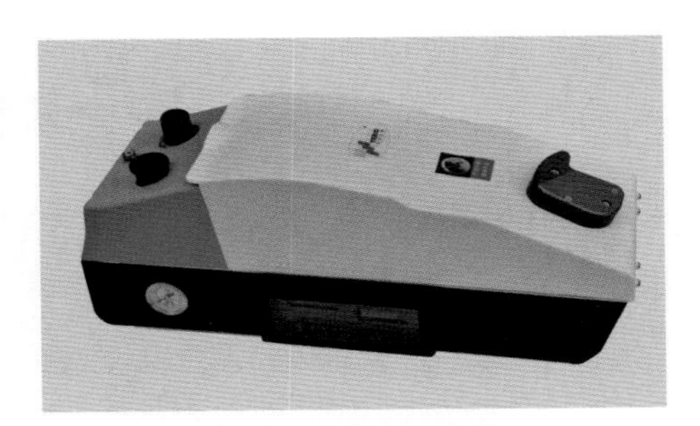

图3-5　雏禽自动注射机

雏禽自动注射机可调整为单针单液和单针双液两种工作状态；单针单液注射一次可注射一种液体，单针双液注射可同时注射两种液体，满足孵化场1日龄不同的操作要求。

与连续注射器相比，雏禽自动注射机具有生产效率高、注射质量高、减少田间免疫强度等特点，一般每小时可注射3 000 ～ 3 500只雏禽。但设备相对价格较高，操作人员需进行前期培训后方能上岗。雏禽自动注射机目前已在国内外孵化场广泛使用。

三、红外断喙注射一体机

红外断喙注射一体机（图3-6）适用于孵化场1日龄雏鸡断喙及颈部皮下注射。操作人员只需将雏鸡头部卡在卡头器内，设备连续旋转，待卡头器旋转至特定工位时即可自动实现雏鸡的断喙和颈部皮下注射。断喙和注射完成后，卡头器松开，雏鸡自动落入雏鸡盒内。

该设备操作简单，注射速度快、连续性好、自动化程度高，断喙、注

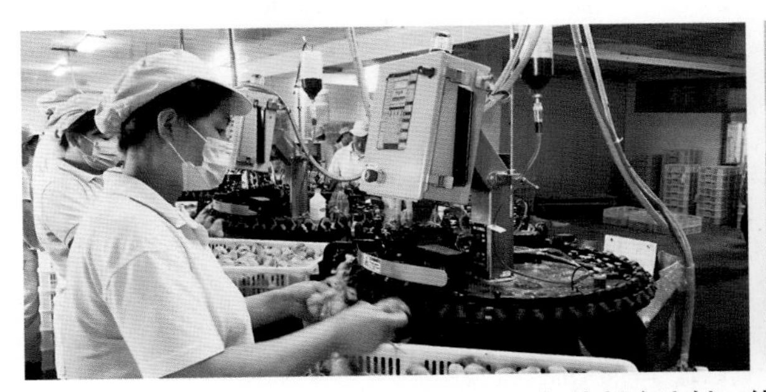

图3-6　红外断喙注射一体机

射质量较高，断喙注射速度可达到每小时4 000只以上。但设备价格较高，对设备调试、维护人员要求较高，需进行前期培训方可上岗操作。

第二节　刺种针和刺种器

刺种针或刺种器适用于活疫苗的刺种免疫，是目前刺种免疫最常用的接种工具。

刺种针（图3-7）常因羽毛沾苗、针槽不满、疫苗超温、疫苗使用超时等影响免疫效果。

刺种器分单针刺种器（图3-8）和双针刺种器（图3-9）。刺种器针头是隐藏的，当刺种器前头顶到免疫部位后，扣动手柄，针头伸出，刺透免疫部位，能有效避免刺种时羽毛沾苗的问题。刺种器取苗的部位用针孔代替了针槽，免疫剂量精确。手柄部位远离内含疫苗的玻璃管，避免了个人体温对疫苗的影响。刺种器操作简单、免疫速度快、免疫效果确实。

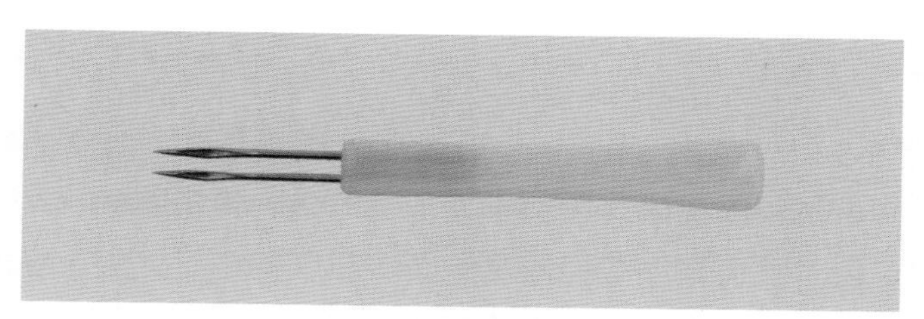

图3-7　刺种针

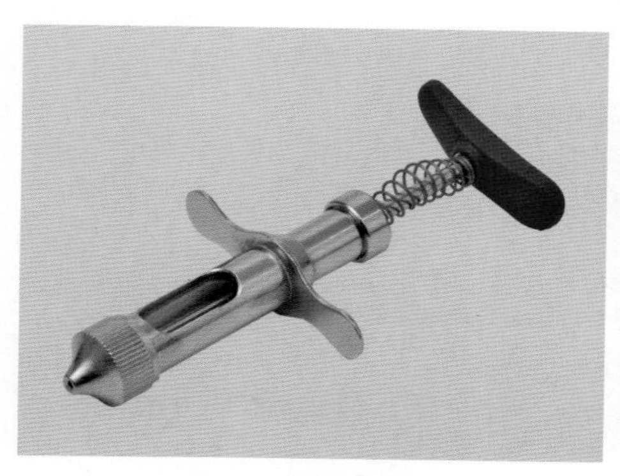

图3-8　单针刺种器

图3-9　双针刺种器

第三节　滴　瓶

滴瓶（图3-10）分为瓶体和滴头两部分，适用于活疫苗点眼或滴鼻免疫接种。

滴头决定液滴大小，一般每只鸡免疫剂量为1滴（约0.03毫升）。瓶体应软硬适中，以避免对免疫过程造成影响。

第四节　喷雾设备

一、背负式喷雾器

背负式喷雾器（图3-11）适用于养殖现场喷雾免疫。使用时应根据家禽日龄大小选择合适喷头，保证雾滴大小适宜。使用方式灵活、操作方便、维护简单。

二、箱体式喷雾机

箱体式喷雾机（图3-12）适用于孵化场1日龄雏鸡的活疫苗喷雾免疫，其动力源为气动，需配备空气压缩设备。每小时接种量可高达30 000～40 000只，应激小、操作方便、维护简单。

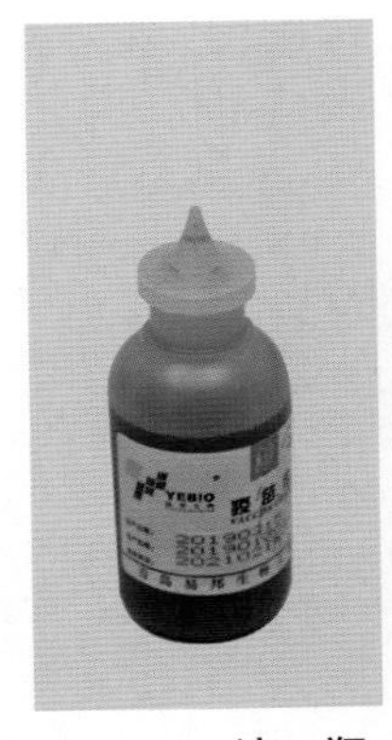

图3-10　滴　瓶

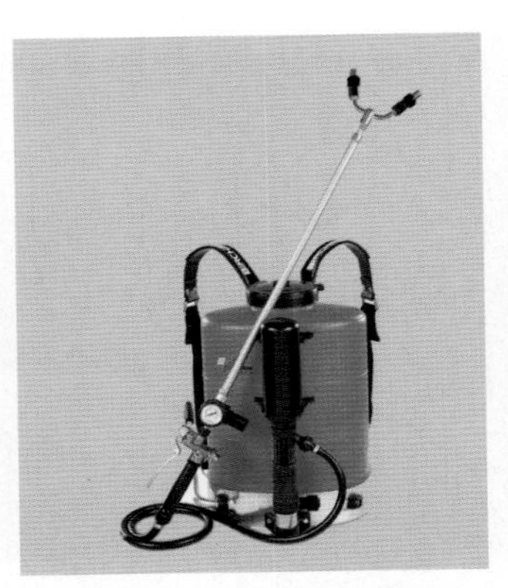

图3-11　背负式喷雾器

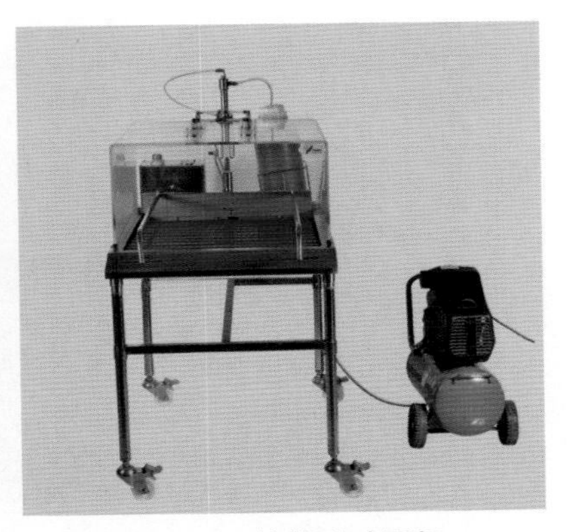

图3-12　箱体式喷雾机

三、喷雾车

喷雾车（图3-13）常用于H形和A形笼养鸡喷雾免疫。免疫操作人员可根据笼具样式选择和安装喷雾车，调整喷雾滴头的高度和喷雾杆的宽度。使用方式灵活、操作方便、维护简单。

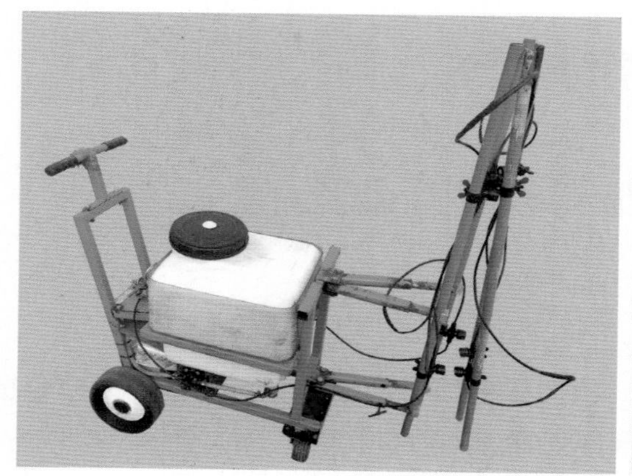

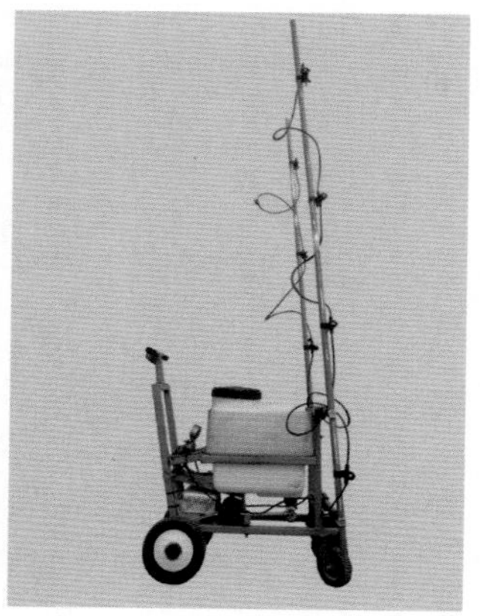

图3-13　喷雾车

第五节　辅助设备

一、水浴锅

水浴锅（图3-14）主要用于灭活疫苗的预温操作。相比于自然回温

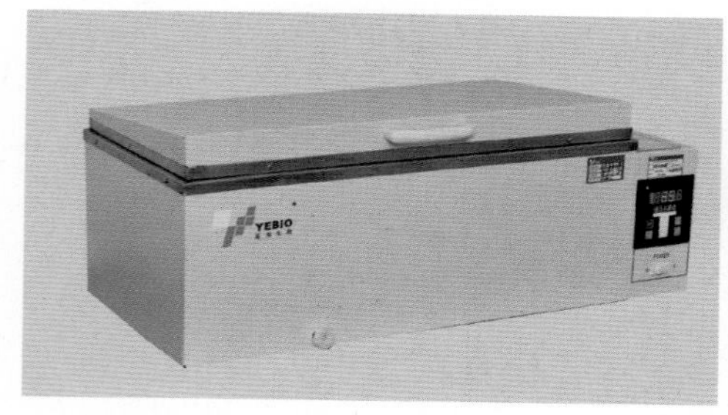

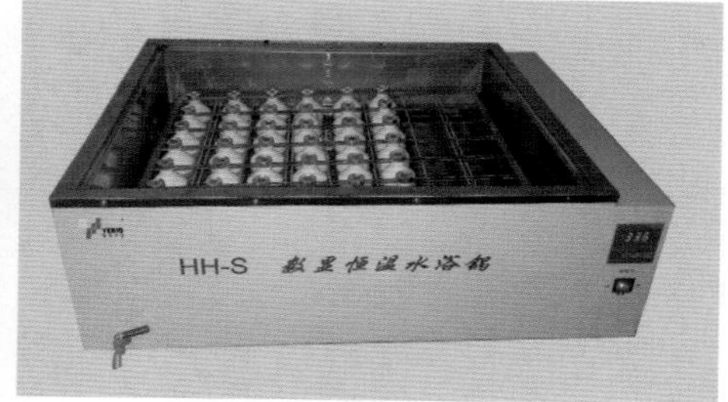

图3-14　水浴锅

和辅助回温，利用水浴锅对疫苗进行预温，操作简单，预温速度快、效果好，有温度显示，便于预温效果确认。

二、保温保冷设备

常见保温设备包括保冷盒（图3-15）、保温袋、保温箱（图3-16）和冰袋（图3-17）等。为保证疫苗在运输过程中尽量保持保存温度，常使用保温箱或保温袋加入预先冷冻好的冰袋进行运输。

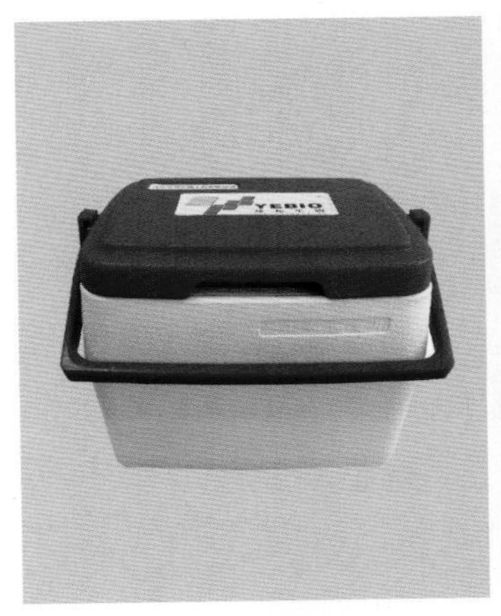

图3-15　保冷盒

图3-16　保温箱

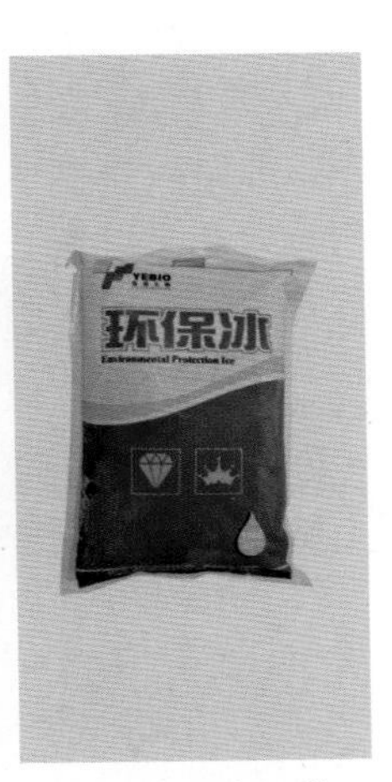

图3-17　冰　袋

三、疫苗保存设备

（一）冷藏设备

主要用于储存2～8℃条件保存的疫苗，如常规冰箱、冷藏柜（图3-18）等。

（二）冷冻设备

主要用于储存−15℃以下条件保存的疫苗，如低温冷冻柜（图3-19）等。

（三）液氮罐

液氮罐（图3-20）主要用于鸡马立克氏病液氮苗等疫苗的储存，可根据所储存疫苗的数量选择适合容量的液氮罐。

图3-18　冷藏柜

图3-19　低温冷冻柜

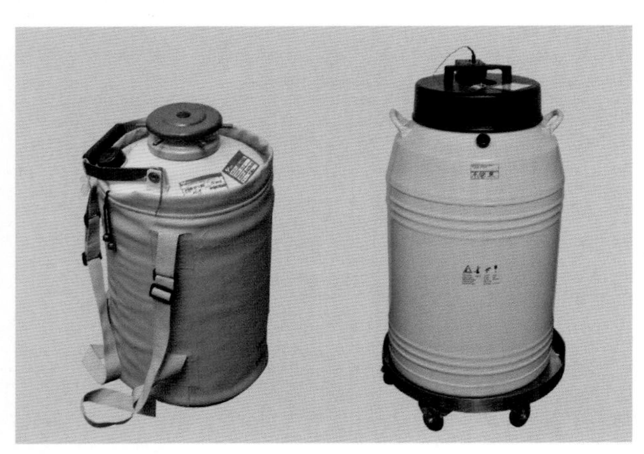

图3-20　液氮罐

四、低值易耗物品

在免疫过程中会使用到一些低值易耗物品（表3-1），如人员安全防护用品（图3-21）、免疫设备配件（图3-22）、度量设备（图3-23）及其他用品（具）（图3-24）等。

表3-1　常见低值易耗物品

序号	类别	物品名称	序号	类别	物品名称
1	人员安全防护	一次性使用医用口罩	15	度量设备	量筒
2		针织手套	16		量杯
3		无粉乳胶手套	17		温度计
4		帽子	18		温湿度计
5		防护服	19	其他	热水壶/暖瓶
6		胶鞋	20		托盘
7		护目镜	21		垃圾桶
8	免疫设备配件	7号注射器针头	22		损伤性废物容器
9		9号注射器针头	23		75%医用酒精棉球
10		0.8毫米×26毫米针头	24		创可贴
11		针套	25		肥皂
12		吊瓶网	26		止血钳
13		接种杯	27		玻璃棒
14		连接器	28		一次性注射器（10毫升）

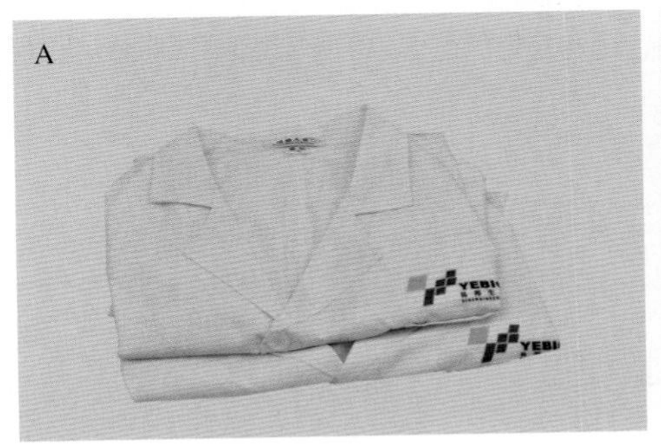

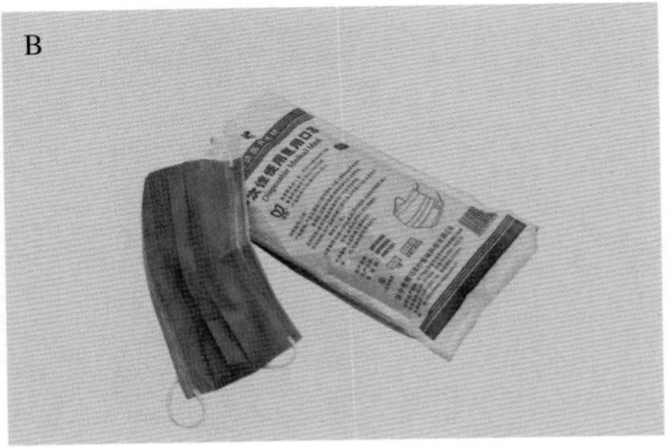

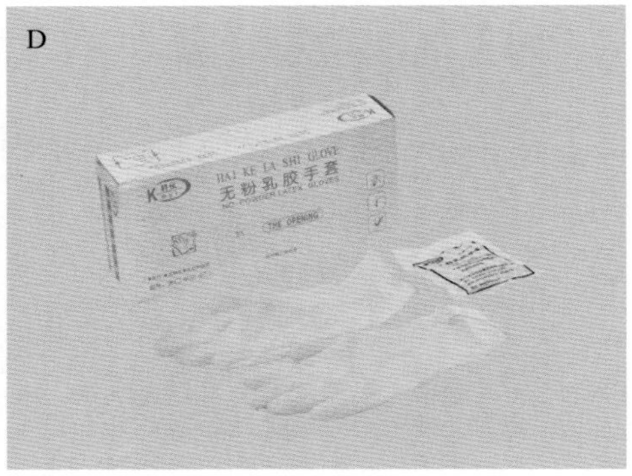

图3-21　人员安全防护用品

A.防护服　B.一次性使用医用口罩　C.医用防护口罩　D.无粉乳胶手套

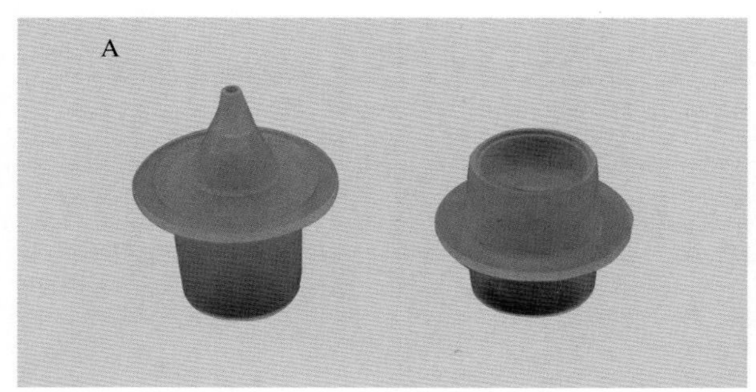

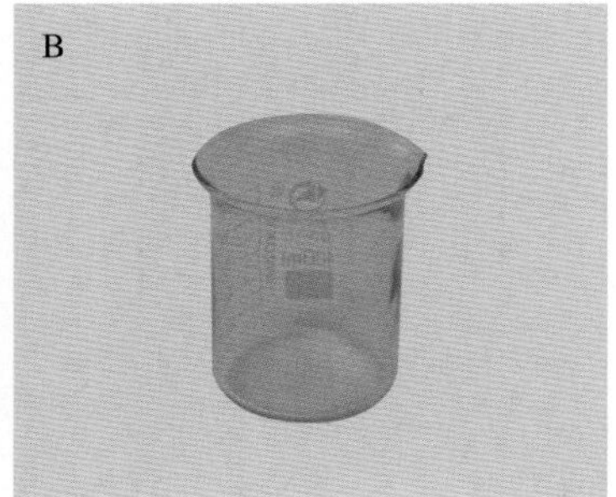

图3-22　免疫设备配件

A.滴头和连接器　B.接种杯

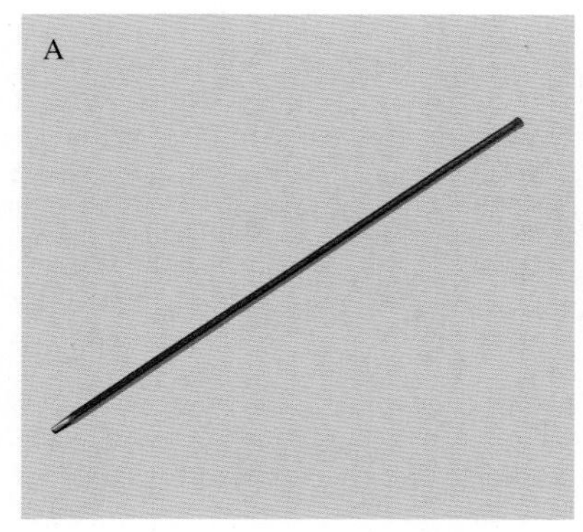

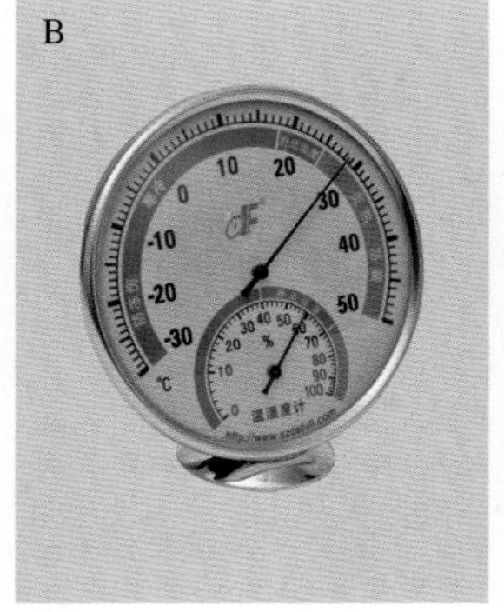

图3-23　度量设备

A.温度计　B.温湿度计　C.量杯

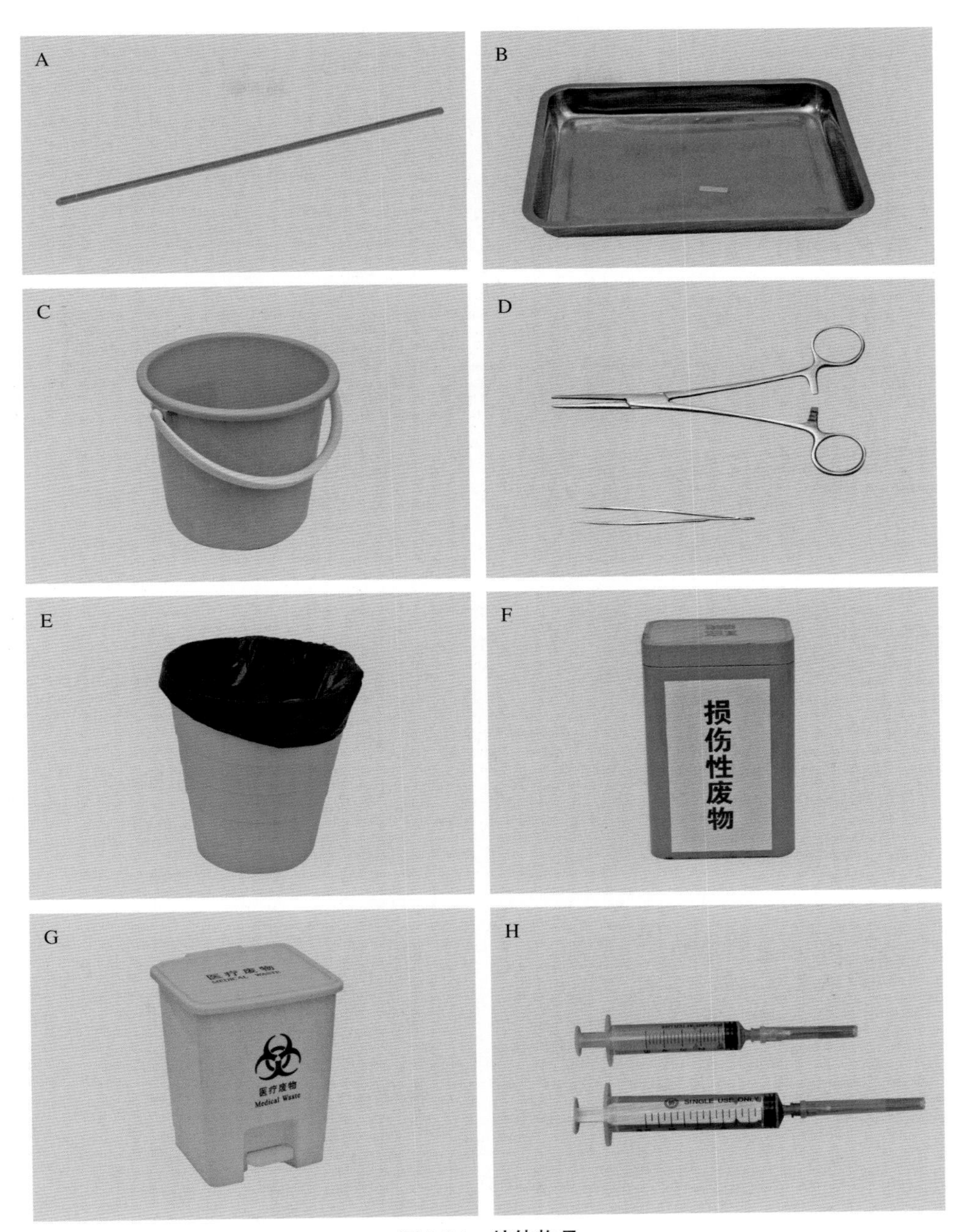

图3-24　其他物品

A.玻璃棒　B.金属托盘　C.水桶　D.止血钳和镊子

E.垃圾桶　F.损伤性废物容器　G.医疗废物容器　H.一次性注射器

第四章 04

禽用活疫苗免疫接种质量管理规范

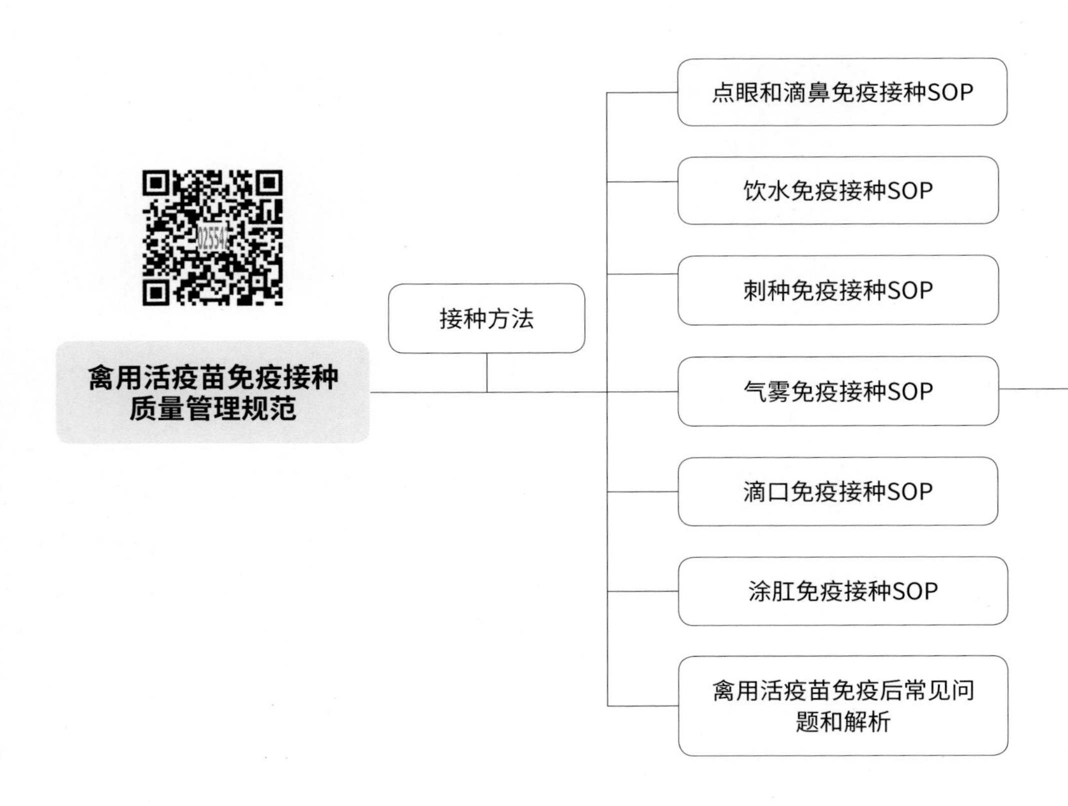

第一节　禽用活疫苗免疫接种方法

禽用活疫苗常用的免疫接种方法有点眼、滴鼻、滴口、注射、涂肛、饮水、气雾、浸头、拌料等，可根据活疫苗免疫特点或要求选择合适的免疫接种方法。免疫接种方法根据适用范围可分为个体免疫和群体免疫，表4-1汇总了常用免疫接种方法的优缺点及代表性疫苗，供参考。

禽用活疫苗应根据疫苗特点选择合适的免疫接种途径。常根据疫苗毒株的亲嗜部位和免疫特点选择免疫接种途径，比如鸡痘病毒和鸡传染性喉气管炎病毒的免疫特点都是细胞免疫，但由于亲嗜部位不同，鸡痘活疫苗常选择刺种接种法，传染性喉气管炎活疫苗常选择点眼或涂肛接种法。同一活疫苗选择的免疫接种方法不同，产生的免疫效果会有所差异，比如传染性支气管炎类活疫苗滴鼻或点眼的免疫效果比气雾、饮水更确实（表4-2）。

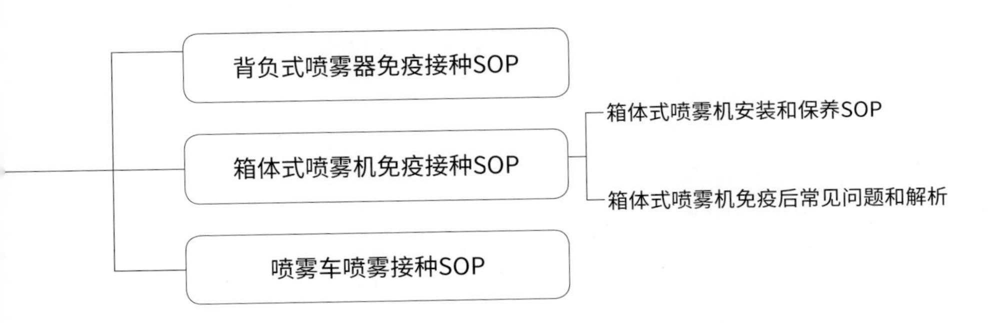

表4-1　禽用活疫苗免疫接种方法

免疫接种方法		优点	缺点	适用疫苗
个体免疫	点眼	每只鸡都能得到准确的疫苗量，达到快速免疫的目的	操作要求高，劳动强度大	鸡新城疫、传染性支气管炎、支原体、肿头综合征等活疫苗
	滴鼻			鸡新城疫、传染性支气管炎、肿头综合征等活疫苗
	刺种			鸡痘、禽脑脊髓炎-鸡痘二联活疫苗、鸡传染性贫血活疫苗
	滴口			鸡新城疫、传染性法氏囊病、禽脑脊髓炎、鸡传染性贫血等活疫苗
	注射			病毒性关节炎、鸡传染性贫血、禽脑脊髓炎等活疫苗
	涂肛	应激反应小，确保每只鸡都能得到准确的疫苗量，达到快速免疫		传染性喉气管炎活疫苗
	浸头	操作简单、方便	劳动强度大，效果不确实	鸡新城疫、传染性支气管炎等活疫苗
群体免疫	饮水	适用于任何年龄的鸡，操作简便、省时省力、适合规模化鸡场	个体差异大	鸡新城疫、传染性法氏囊病、传染性支气管炎、鸡传染性贫血、禽脑脊髓炎等活疫苗
	喷雾	达到快速免疫，适用于雏鸡，省时省力，适合规模化鸡场	操作人员、设备和环境要求高	鸡球虫病活疫苗
	气雾	达到快速免疫，适用于任何年龄的鸡，省时省力，适合规模化鸡场		鸡新城疫、传染性支气管炎、鸡毒支原体、肿头综合征等活疫苗
	拌料	操作简便，适合规模化平养球虫疫苗接种	劳动强度大	鸡球虫病活疫苗

表4-2　不同活疫苗推荐免疫接种方法

免疫方式		鸡新城疫活疫苗	传染性支气管炎活疫苗	鸡新城疫-传染性支气管炎二联活疫苗	禽脑脊髓炎-鸡痘二联活疫苗	鸡传染性喉气管炎活疫苗	鸡毒支原体活疫苗	鸡传染性法氏囊病活疫苗	鸡传染性法氏囊病免疫复合物疫苗	鸡痘活疫苗	鸡传染性贫血活疫苗	鸡病毒性关节炎活疫苗	鸡传染性喉气管炎重组鸡痘病毒基因工程疫苗	马立克氏病液氮苗	鸡球虫病活疫苗	肿头综合征活疫苗
个体免疫	点眼	++++	++++	++++		++++	++++									++++
	滴鼻	++++	++++	++++			+++									+++
	滴口	+++						++++			++++					
	涂肛					++++										
	刺种				++++					++++	+++		++++			
	注射								++++	++	++++	++++	++	++++		
群体免疫	饮水	+++	+++	+++		++		+++			++++					
	喷雾														++++	
	气雾	+++	+++	+++			+++									+++
	拌料														++++	

注：++++表示推荐优先使用，+++表示推荐使用，++表示有应用，空白表示不推荐使用。

第二节　禽用活疫苗接种质量管理规范

一、点眼和滴鼻免疫接种SOP

【目的】规范免疫人员点眼、滴鼻免疫操作，保证免疫过程的安全、准确、有效。

【适用范围】

1. 适用于各日龄、各品种的鸡。

2. 适用于鸡新城疫活疫苗、鸡传染性支气管炎活疫苗、鸡新城疫-传染性支气管炎二联活疫苗、鸡毒支原体活疫苗、鸡传染性喉气管炎活疫苗等活疫苗。

【责任者】免疫队、质量监督部相关人员。

【正文】

1. 物品清单　疫苗、稀释液（蓝色）、滴瓶、保温箱、冰袋、温度计、10毫升注射器、无粉乳胶手套、一次性使用医用口罩、垃圾桶、损伤性废物容器、消毒液等（图4-1）。

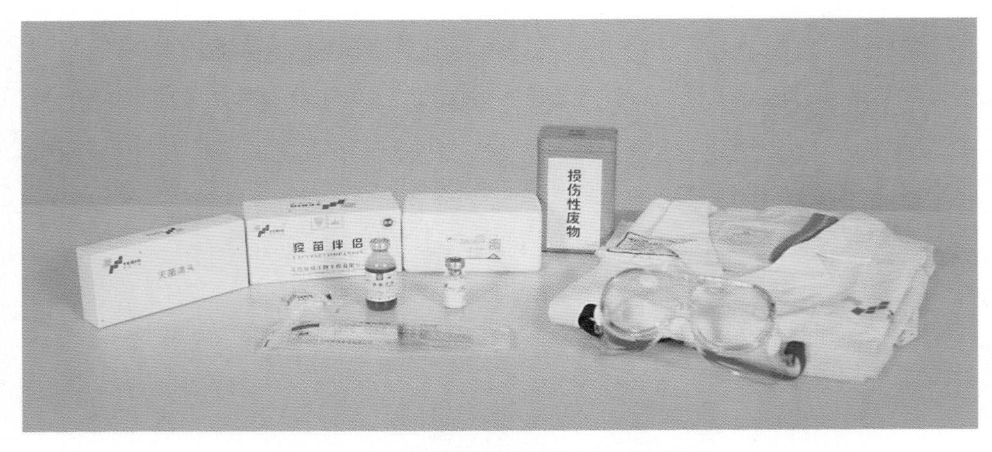

图4-1　点眼和滴鼻免疫接种所需主要物品

2. 免疫操作

（1）疫苗领用及稀释

①按免疫用量计算本次免疫所需疫苗及稀释液数量，按需领用，检查核对疫苗种类、厂家、批次、有效期和物理性状等，填写《免疫信息实时记录表》。

②拉开稀释液瓶铝盖，将注射器针头从胶塞的中心刺入，抽取3～5毫升稀释液（图4-2）。

③拉开疫苗瓶铝盖（图4-3），将已抽取稀释液的注射器针头轻轻刺入疫苗瓶胶塞中心，稀释液自动吸入疫苗瓶内（图4-4）。

④用拇指和食指捏住疫苗瓶上下两端，轻轻颠倒5～6次混匀（图4-5），避免产生气泡。

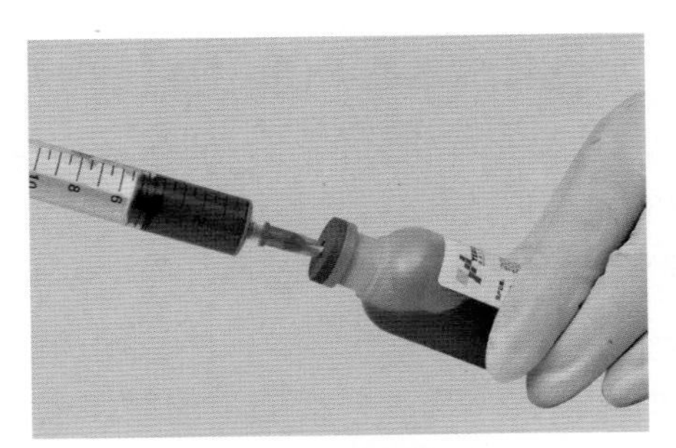

图4-2　抽取稀释液

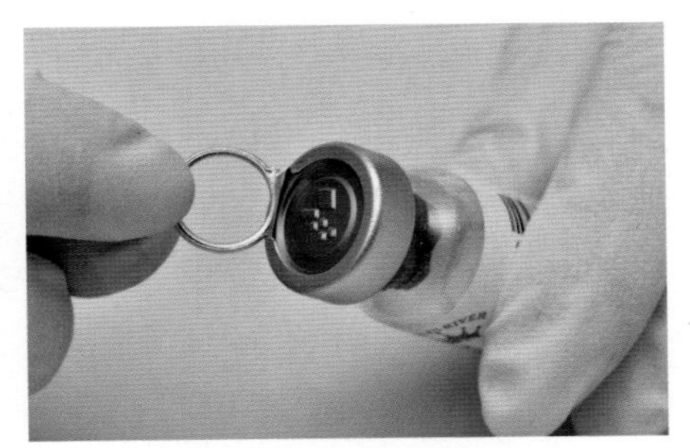

图4-3　拉开疫苗瓶铝盖

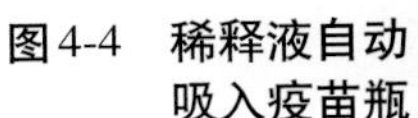

图4-4　稀释液自动吸入疫苗瓶

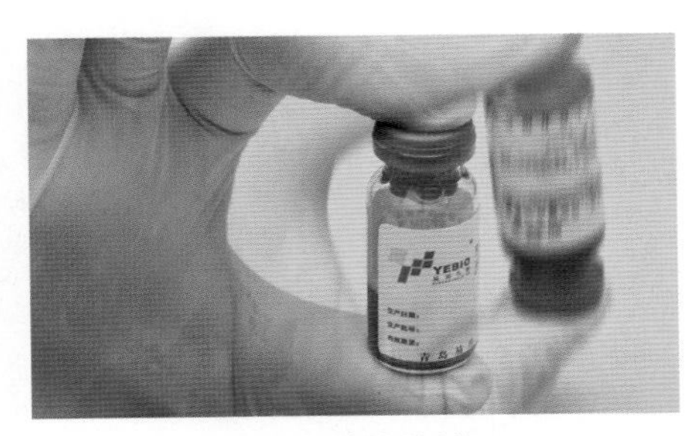

图4-5　颠倒摇匀

⑤分别打开疫苗瓶和稀释液瓶的胶塞，将连接器一端接入疫苗瓶；一手持疫苗瓶，另一手持稀释液瓶，同时对向倾斜45°，将连接器另一端接入稀释液瓶，颠倒5～6次以反复洗涤疫苗瓶。疫苗瓶在上、稀释液瓶在下垂直放置，使稀释好的疫苗液完全流入稀释液瓶中（图4-6）。

⑥从稀释液瓶上拆下疫苗瓶和连接器，在稀释液瓶上安装好滴头，疫苗配制完成（图4-7）。

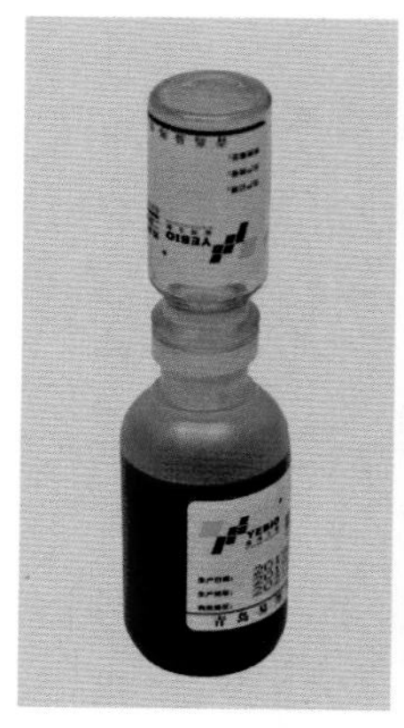

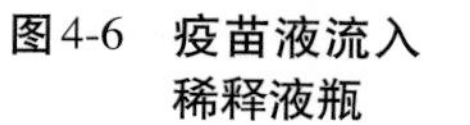

图4-6　疫苗液流入稀释液瓶

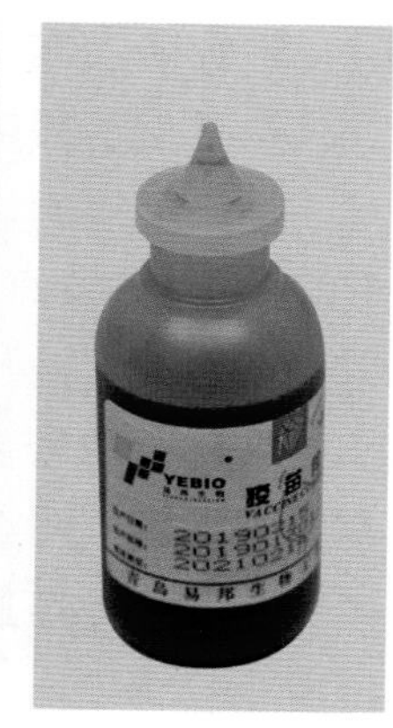

图4-7　疫苗配制完成

（2）点眼免疫接种

①滴瓶滴口向上，用拇指、食指、中指捏住滴瓶中间，轻轻挤压瓶身，排出瓶内部分气体（图4-8A），倒立滴瓶同时松开挤压的瓶身，使滴口垂直向下，排气以疫苗液不自然滴出为准（图4-8B）。

②小日龄或体型较小家禽的免疫可单人完成（以鸡为例）。免疫操作人员一手握鸡，用食指和拇指固定鸡头，保持待滴眼睛面水平，自滴头距离鸡眼1～2厘米的高度将1滴疫苗液垂直滴入鸡眼内，待鸡眨眼或停留3秒以上，把鸡放至指定位置，免疫完成（图4-9）。

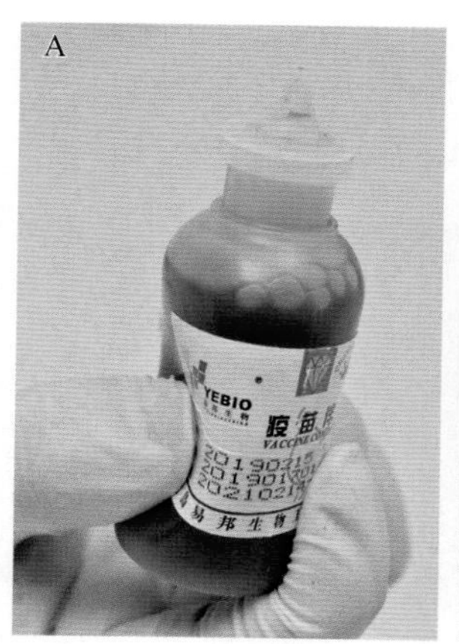

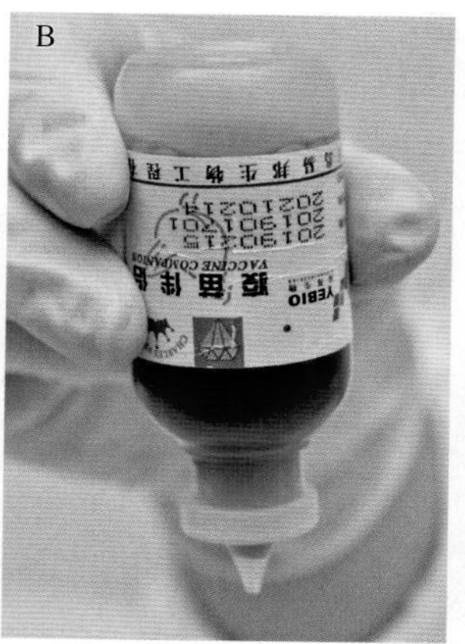

图4-8　滴瓶的排空

A.向上排出瓶内部分气体　B.疫苗液不自然滴出

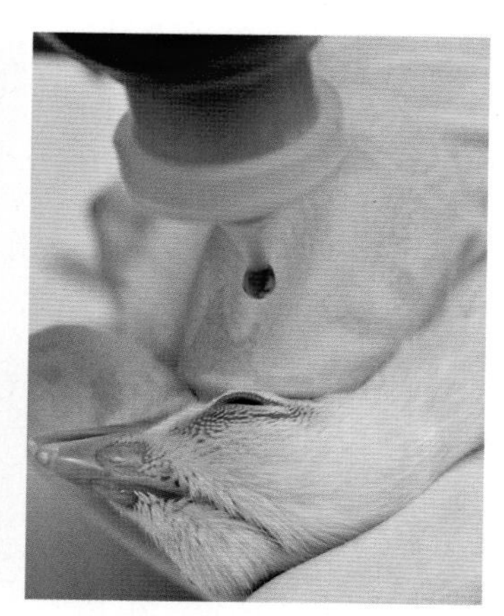

图4-9　单人点眼免疫

③大日龄或体型较大家禽的免疫需要助手保定（以鸡为例）。助手一手握住鸡的两腿，另一手握住鸡的两翅根，将鸡头水平递至免疫操作人员。免疫操作人员用食指和拇指固定鸡头，保持待滴眼睛面水平，自滴头距离鸡眼1～2厘米的高度将1滴疫苗液垂直滴入鸡眼内，待鸡眨眼或停留3秒以上，助手把鸡放至指定位置，免疫完成（图4-10）。

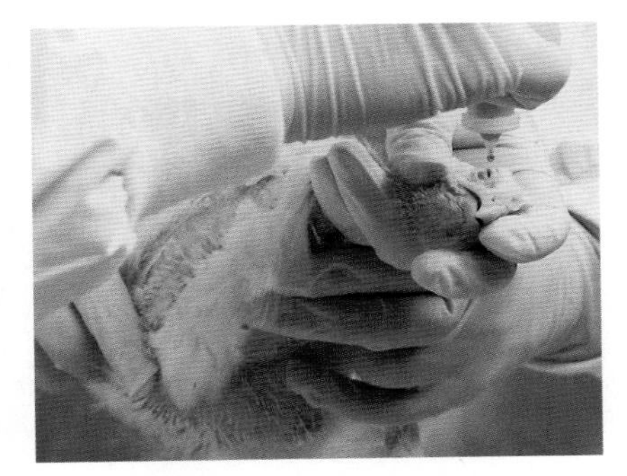

图4-10　双人点眼免疫

（3）滴鼻免疫接种

①滴瓶滴口向上，用拇指、食指、中指捏住滴瓶中间，轻轻挤压瓶身，排出瓶内部分气体（图4-8A），倒立滴瓶同时松开挤压的瓶身，使滴口垂直向下，排气以疫苗液不自然滴出为准（图4-8B）。

②小日龄或体型较小家禽的免疫可单人完成（以鸡为例）。免疫操作人员一手握鸡，用食指和拇指固定鸡头，食指需堵住一侧鼻孔并使另一侧鼻孔向上，保持待滴鼻孔面水平，自滴头距离鼻孔1～2厘米的高度将1滴疫苗液垂直滴入鼻孔内，待疫苗液吸入，把鸡放至指定位置，免疫完成（图4-11）。

③大日龄或体型较大家禽的免疫需要助手保定（以鸡为例）。助手一手握住鸡的两腿，另一手握住鸡的两翅根，将鸡头水平递至免疫操作人员。免疫操作人员用食指和拇指固定鸡头，食指需堵住一侧鼻孔并使另一侧鼻孔向上，保持待滴鼻孔面水平，自滴头距离鼻孔1～2厘米的高度将1滴疫苗液垂直滴入鼻孔内，待疫苗液吸入，助手把鸡放至指定位置，免疫完成（图4-12）。

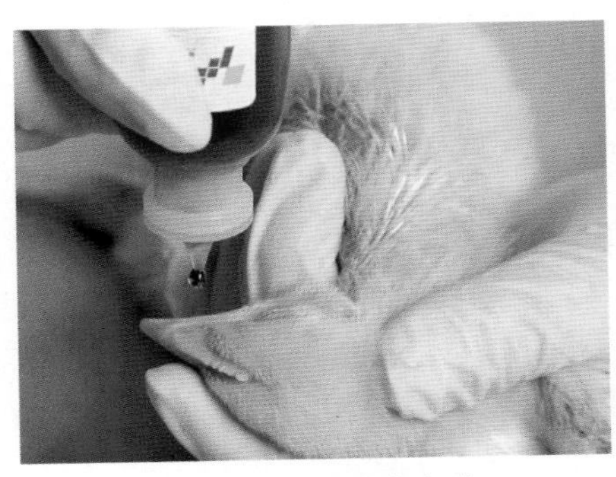

图4-11　单人滴鼻免疫

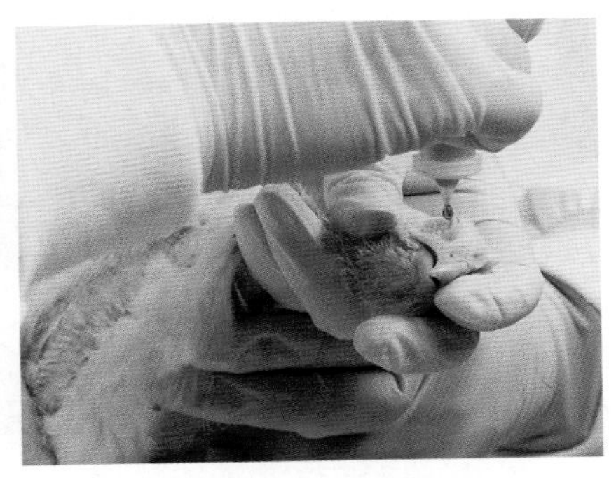

图4-12　双人滴鼻免疫

3. 免疫注意事项

（1）疫苗稀释时间越短越好，一般不超过3分钟，同时要注意操作时避光、避风。

（2）疫苗应勤配少配，严格控制使用时间，一般不超过60分钟。

（3）暂未稀释的疫苗应放回冰箱或带有冰袋的保温箱中，避免接种过程中疫苗温度过高影响免疫效果。

（4）免疫时要始终保持滴头垂直，确保每滴疫苗的接种剂量保持恒定。

（5）必要时需对滴量进行校对，每1滴标准是30微升，可使用量筒计量。

（6）抓鸡时应轻拿轻放；免疫时滴头不得接触鸡眼以免损伤。

【清场】

1. 免疫完成后，免疫队将所有用具分类统一消毒处理，废弃疫苗瓶放入消毒桶（图4-13），针头放入损伤性废物容器内（图4-14）。

2. 养殖场安排人员对配苗区和免疫区进行检查、整理、清扫，配苗区进行消毒。

图4-13　消毒桶

图4-14　损伤性废物容器

【免疫评估】根据免疫接种质控点，评估点眼和滴鼻的免疫过程及结果，可参考《点眼和滴鼻免疫接种质量评估表》（表4-3和图4-15）。

表4-3　点眼和滴鼻免疫接种质量评估表

<table>
<tr><th colspan="5">点眼和滴鼻免疫接种质量评估表</th></tr>
<tr><td colspan="2">鸡场名称：</td><td>免疫鸡舍：</td><td colspan="2">免疫队长：</td></tr>
<tr><td colspan="2">免疫时间：</td><td>评估时间：</td><td colspan="2">评估人：</td></tr>
<tr><td>评估项目</td><td>序号</td><td>具体内容</td><td>评分标准</td><td>得分</td></tr>
<tr><td rowspan="8">免疫准备</td><td>1</td><td>入场（舍）着装及其他防护良好</td><td>3</td><td></td></tr>
<tr><td>2</td><td>入场（舍）按场区规定消毒</td><td>3</td><td></td></tr>
<tr><td>3</td><td>免疫用具准备齐全并消毒</td><td>7</td><td></td></tr>
<tr><td>4</td><td>检查核对疫苗种类、厂家、批次、有效期和物理性状</td><td>3</td><td></td></tr>
<tr><td>5</td><td>疫苗稀释前不能打开疫苗橡胶塞</td><td>4</td><td></td></tr>
<tr><td>6</td><td>3分钟内混匀稀释好疫苗</td><td>4</td><td></td></tr>
<tr><td>7</td><td>避光、避风操作</td><td>3</td><td></td></tr>
<tr><td>8</td><td>未使用疫苗放回冰箱或保温箱</td><td>3</td><td></td></tr>
<tr><td rowspan="7">免疫操作</td><td>1</td><td>疫苗稀释后免疫不超60分钟</td><td>9</td><td></td></tr>
<tr><td>2</td><td>滴瓶是否排空</td><td>8</td><td></td></tr>
<tr><td>3</td><td>滴瓶垂直，高度1～2厘米</td><td>7</td><td></td></tr>
<tr><td>4</td><td>停留3秒或等待吸收</td><td>9</td><td></td></tr>
<tr><td>5</td><td>检查蓝舌率100%</td><td>12</td><td></td></tr>
<tr><td>6</td><td>鸡只保定动作轻柔，免疫后鸡只无死亡</td><td>7</td><td></td></tr>
<tr><td>7</td><td>疫苗用量是否准确</td><td>8</td><td></td></tr>
<tr><td rowspan="3">免疫结果</td><td>1</td><td>免疫用具和器皿回收、清点、消毒</td><td>6</td><td></td></tr>
<tr><td>2</td><td>填写《免疫信息实时记录表》</td><td>2</td><td></td></tr>
<tr><td>3</td><td>按场区规定离舍（场）</td><td>2</td><td></td></tr>
<tr><td colspan="3">总分</td><td>100</td><td></td></tr>
<tr><td>总评</td><td colspan="4"></td></tr>
</table>

注：1.得分对应：≥95为优秀，80～94为良好，60～79为一般，≤59为差。

2.蓝舌率：免疫后2小时内进行检查，5点取样随机抽取50只鸡，观察舌尖蓝色数占比。

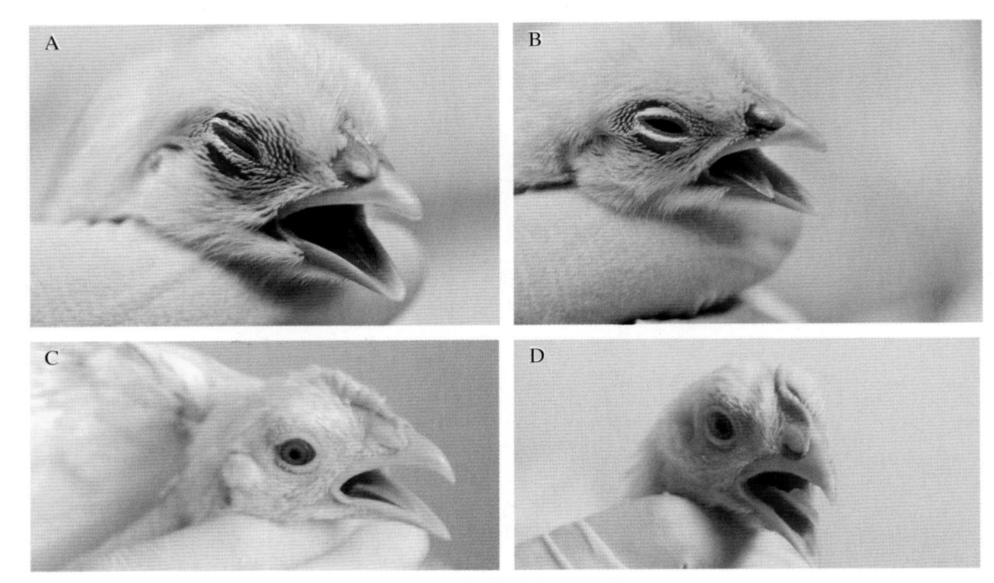

图4-15 蓝舌率的检查

A.小日龄或体型较小家禽点眼免疫后蓝舌率检查 B.小日龄或体型较小家禽滴鼻免疫后蓝舌率检查
C.大日龄或体型较大家禽点眼免疫后蓝舌率检查 D.大日龄或体型较大家禽滴鼻免疫后蓝舌率检查

【附录】见《免疫信息实时记录表》。

视频：点眼和滴鼻免疫接种

单人点眼01′48″ 单人滴鼻02′37″
双人点眼03′11″ 双人滴鼻03′49″

二、饮水免疫接种SOP

【目的】规范免疫人员饮水免疫操作，保证免疫过程的安全、准确、有效。

【适用范围】

1. 适用于各日龄、各品种的鸡。

2. 适用于鸡新城疫活疫苗、鸡传染性法氏囊病活疫苗、鸡传染性贫血活疫苗等活疫苗。

【责任者】免疫队、质量监督部相关人员。

【正文】

1.物品清单　疫苗、免疫泡腾片（蓝色）、塑料水桶、保温箱、冰袋、温度计、无粉乳胶手套、一次性使用医用口罩、护目镜、垃圾桶、消毒液等（图4-16）。

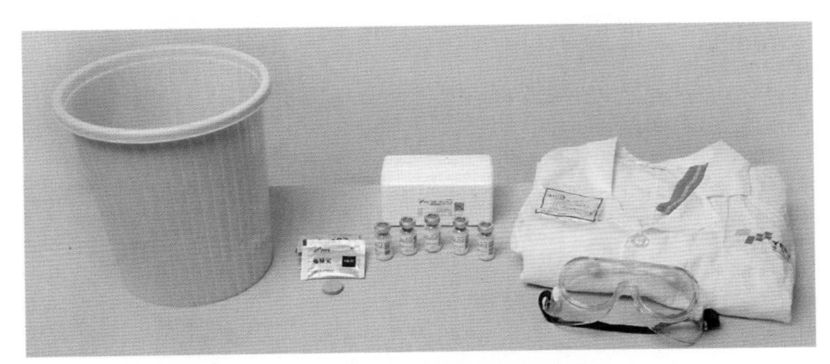

图4-16　饮水免疫需要的主要物品

2.免疫操作

（1）免疫前准备

①养殖场人员清洗饮水器具和水线等免疫用具，检查加药器运行状态。

②养殖场人员根据环境、天气、鸡群情况控水，炎热季节雏鸡控水时间为30分钟；成鸡可不控水，采用早晨开灯后饮水免疫；凉爽季节控水时间60～120分钟。

（2）疫苗领用　按免疫用量计算本次免疫所需疫苗数量，按需领用，检查核对疫苗种类、厂家、批次、有效期和物理性状等，填写《免疫信息实时记录表》。

（3）计算鸡群免疫用水量，并按量准备免疫用水　鸡群免疫用水量可根据免疫前2～3天鸡群饮用水总量来计算，免疫用水量一般为鸡群全天饮水量的1/4～1/3。

（4）免疫操作

①准备免疫用水

1）利用水箱/桶免疫的鸡群，在水箱/桶免疫用水中加入免疫泡腾片，作用5分钟。用塑料水桶盛取半桶免疫用水用于疫苗稀释。

2）利用加药器免疫的鸡群，按照加药器比例在加药桶内加入计算好的免疫用水，加入免疫泡腾片作用5分钟（图4-17），用于疫苗稀释。

图4-17　免疫用水加入免疫泡腾片作用5分钟

A.免疫泡腾片　B.泡腾片加入前　C.将泡腾片加入免疫用水中　D.溶解后作用5分钟

②疫苗稀释　拉开疫苗瓶铝盖（图4-18），在塑料水桶/加药桶液面下打开疫苗瓶胶塞（图4-19），待免疫用水涌入疫苗瓶，将疫苗瓶拿至液面上，将疫苗液倾倒至免疫用水中。重复操作3次以反复洗涤疫苗瓶（图4-20），完成疫苗稀释。

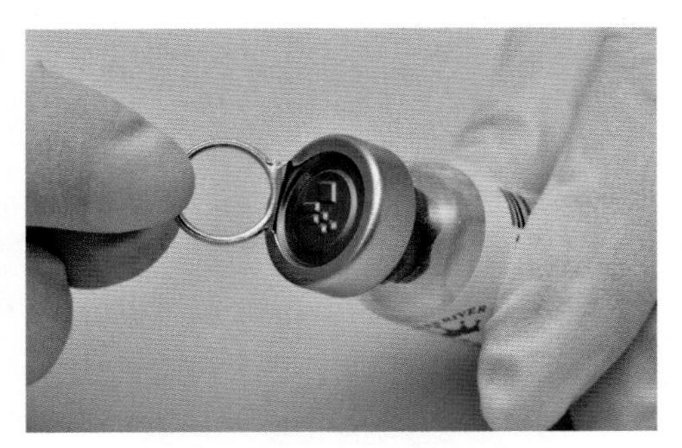

图4-18　拉开疫苗瓶铝盖

③供应疫苗液

1）利用水箱/桶免疫的鸡群，将塑料水桶中疫苗液加入到水箱中，搅拌均匀，打开水箱阀门使疫苗液流入水线。

2）利用加药器免疫的鸡群，将加药桶接入加药器，打开加药器阀门使疫苗液按比例流入水线。

④打开水线末端水阀，待有蓝色疫苗液流出时，关闭水线末端水阀。

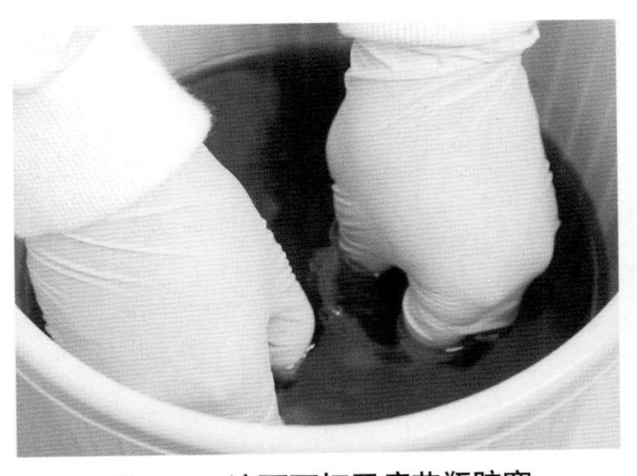

图4-19　液面下打开疫苗瓶胶塞

图4-20　反复洗涤疫苗瓶

⑤调整水线压力和高度保证鸡群均匀饮水（图4-21）。

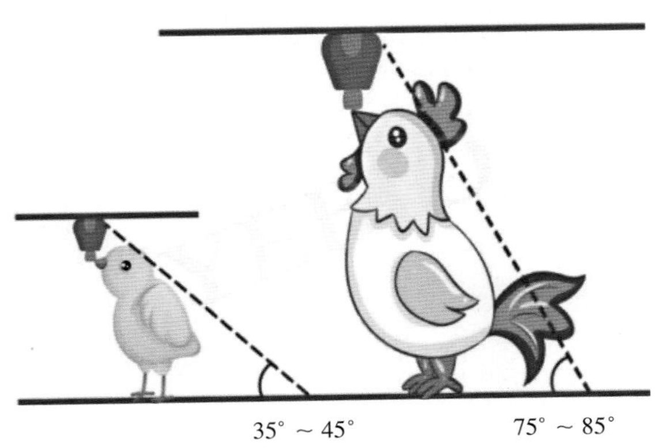

图4-21　水线高度要求

⑥免疫完成后开启直饮水。

⑦严格控制免疫时间，填写《免疫信息实时记录表》。

3. 注意事项

（1）饮水免疫前后48小时禁用一切消毒剂和清洁剂。

（2）饮水器具应放在阴凉处，炎热天气应早晨免疫。

（3）禁止使用金属容器。保证饮用水的质量，使用清洁、不含氯和金属离子的水。

【清场】

1. 免疫完成后，免疫队将所有用具分类统一消毒处理，废弃疫苗瓶放入消毒桶。

2. 养殖场安排人员对配苗区和免疫区进行检查、整理、清扫，配苗区进行消毒。

【免疫评估】根据免疫接种质控点，评估饮水免疫过程和结果，可参考《饮水免疫接种质量评估表》（表4-4）。

表4-4　饮水免疫接种质量评估表

饮水免疫接种质量评估表				
鸡场名称：		免疫鸡舍：	免疫队长：	
免疫时间：		评估时间：	评估人：	
评估项目	序号	具体内容	评分标准	得分
免疫准备	1	入场（舍）着装及其他防护良好	3	
	2	入场（舍）按场区规定消毒	3	
	3	免疫用具准备齐全并消毒	4	
	4	检查核对疫苗种类、厂家、批次、有效期和物理性状	3	
	5	水线清洗	3	
	6	在液面下打开胶塞，进行疫苗稀释	4	
	7	避光、避风操作	3	
	8	禁止使用金属容器	4	
	9	水质清洁达标	3	
免疫操作	1	控水时间达标	9	
	2	水线高度合适	9	
	3	检查疫苗流到末端	10	
	4	120分钟内饮完	10	
	5	疫苗饮完后开启供水	10	
	6	抽检蓝舌率≥98%	12	
免疫结果	1	免疫用具和器皿回收、清点、消毒	6	
	2	填写《免疫信息实时记录表》	2	
	3	按场区规定离舍（场）	2	
总分			100	
总评				

注：1. 得分对应：≥95为优秀，80～94为良好，60～79为一般，≤59为差。
　　2. 蓝舌率：饮水2小时内进行检查，5点取样随机抽取50只鸡，观察舌尖蓝色数占比。

【附录】见《免疫信息实时记录表》。

视频：饮水免疫

免疫操作00′19″ 加药器饮水免疫01′17″

三、刺种免疫接种SOP

【目的】规范免疫人员刺种免疫操作，保证免疫过程的安全、准确、有效。

【适用范围】

1. 适用于育雏、育成期的鸡。

2. 适用于鸡痘活疫苗、禽脑脊髓炎-鸡痘二联活疫苗、鸡传染性喉气管炎重组鸡痘病毒基因工程疫苗、鸡传染性贫血活疫苗等活疫苗。

【责任者】免疫队、质量监督部相关人员。

【正文】

1.物品清单　疫苗、稀释液、刺种针或刺种器、刺种杯、保温箱、冰袋、温度计、10毫升注射器、无粉乳胶手套、一次性使用医用口罩、垃圾桶、损伤性废物容器、消毒液等（图4-22）。

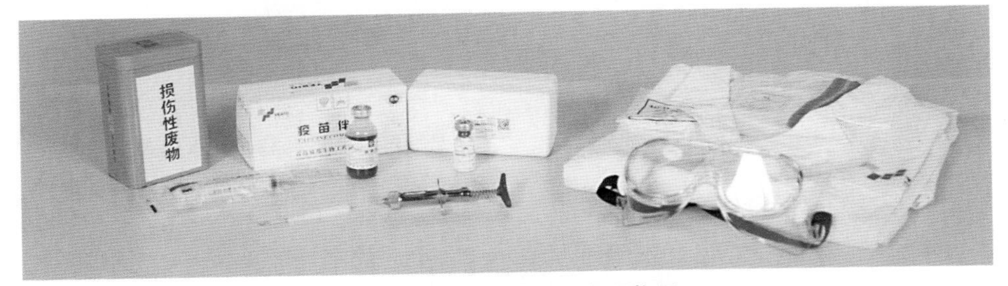

图4-22　刺种免疫所需主要物品

2.免疫操作

（1）疫苗领用及稀释

①按免疫用量计算本次免疫所需疫苗及稀释液数量，按需领用，检查

核对疫苗种类、厂家、批次、有效期和物理性状等，填写《免疫信息实时记录表》。

②拉开稀释液瓶铝盖，将注射器针头从胶塞中心刺入，抽取稀释液。使用单针刺种器进行免疫操作时，抽取稀释液2毫升；使用双针刺种器进行免疫操作时，抽取稀释液5毫升；使用刺种针进行免疫操作时，抽取稀释液6～8毫升（图4-23）。

③拉开疫苗瓶铝盖（图4-24），将已抽取稀释液的注射器针头轻轻刺入疫苗瓶胶塞中心，稀释液自动吸入疫苗瓶内（图4-25）。

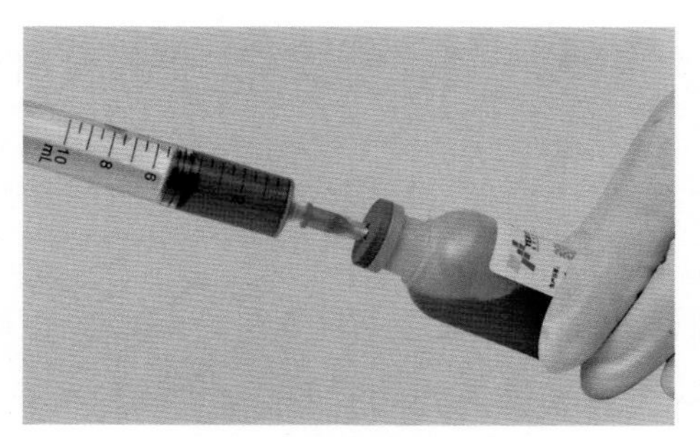

图4-23　抽取稀释液

图4-24　拉开疫苗瓶铝盖

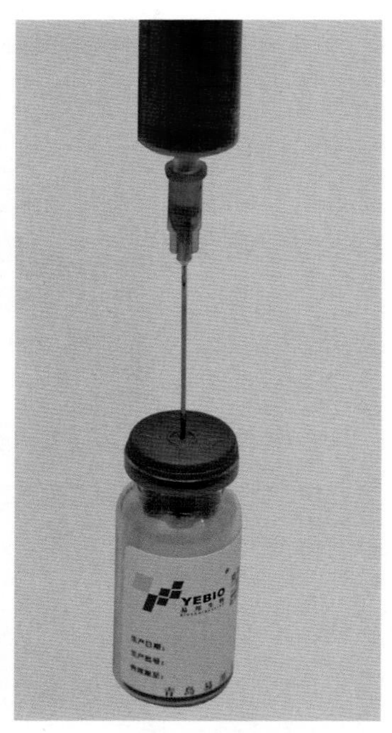

图4-25　稀释液自动吸入疫苗瓶

④用拇指和食指捏住疫苗瓶上下两端，轻轻颠倒5～6次混匀（图4-26），避免产生气泡。使用刺种器免疫时，由于所需稀释液数量较少，混匀时用拇指和食指捏住疫苗瓶，轻轻摇动至混匀（图4-27）。

（2）刺种器免疫接种

①拧开刺种器顶端螺帽，用注射器将疫苗液缓慢注入刺种器管腔内后，装回顶端螺帽并拧紧（图4-28）。

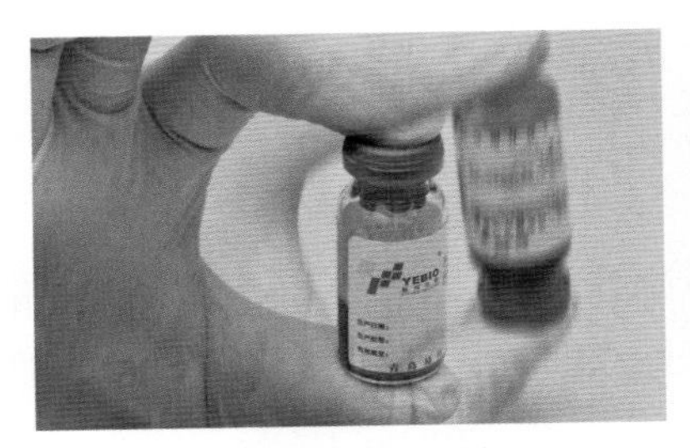

图4-26　颠倒摇匀

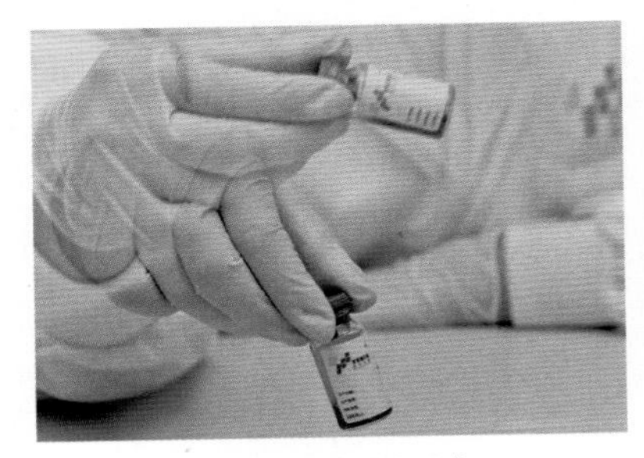

图4-27　轻摇混匀

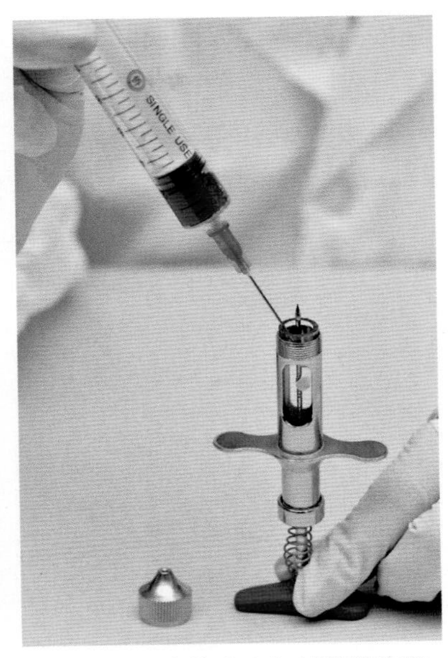

图4-28　疫苗液注入刺种器管腔

②轻轻展开鸡翅并固定，用刺种器顶端顶住鸡翅内侧翼膜三角区皮肤，推动手柄使刺种针垂直刺穿翼膜三角区皮肤（图4-29）。

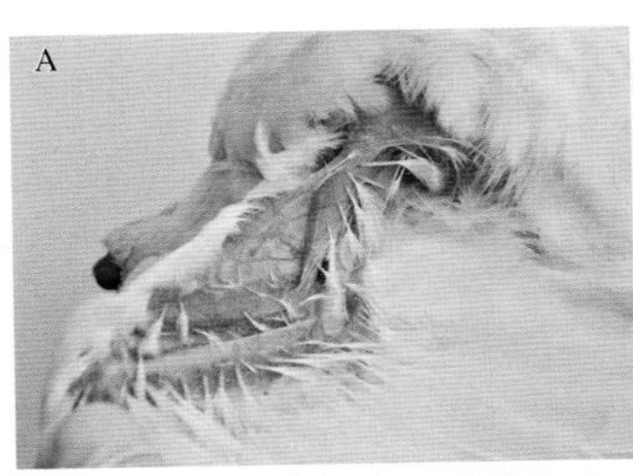

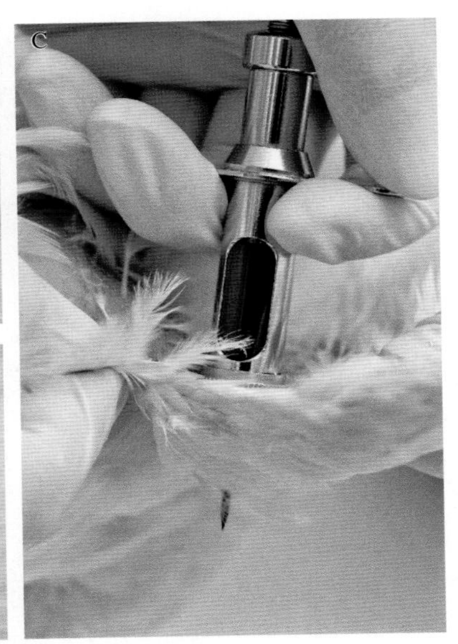

图4-29　刺种器刺种免疫

A.展开鸡翅　B.顶住内侧翼膜三角区皮肤　C.垂直刺穿翼膜三角区皮肤

③松开手柄，刺种针自动弹回。

④把鸡放至指定位置，免疫完成。

（3）刺种针免疫接种

①打开疫苗瓶胶塞，将刺种针充分插入疫苗液中（图4-30），针槽充满疫苗液后，将针轻靠疫苗瓶内壁，除去附在针上的多余疫苗液（图4-31）。

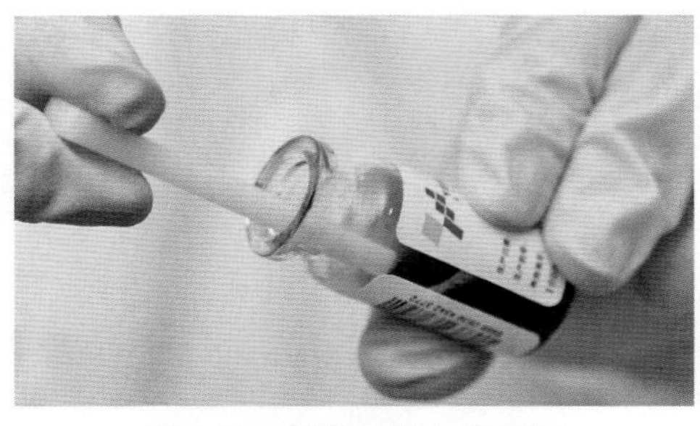

图4-30　刺种针插入疫苗液

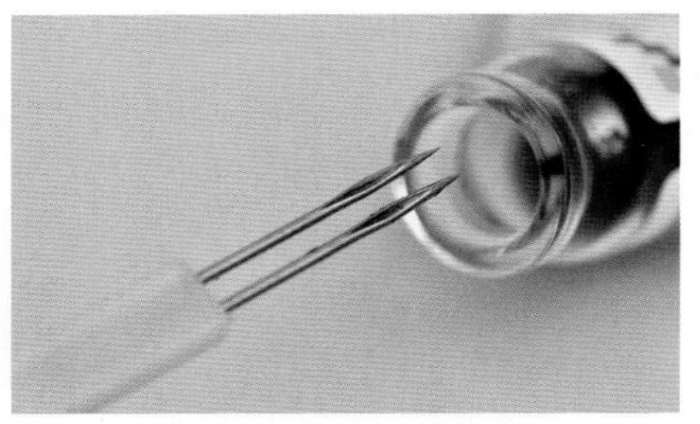

图4-31　除去附在针上的多余疫苗液

②轻轻展开鸡翅并固定（图4-32A），用刺种针从鸡翅内侧垂直刺穿翼膜三角区皮肤（图4-32B）后拔出刺种针（图4-32C）。

③把鸡放至指定位置，免疫完成。

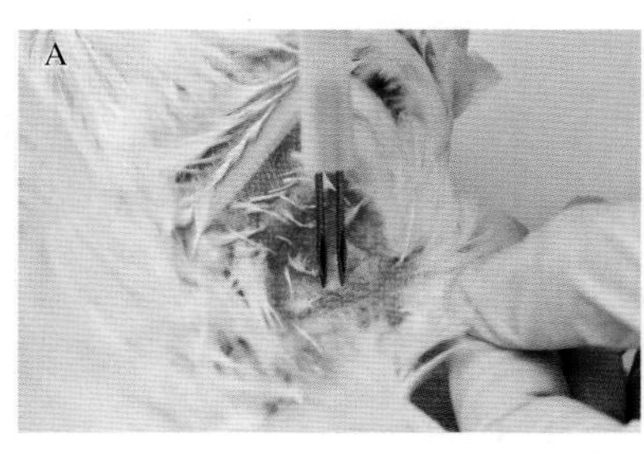

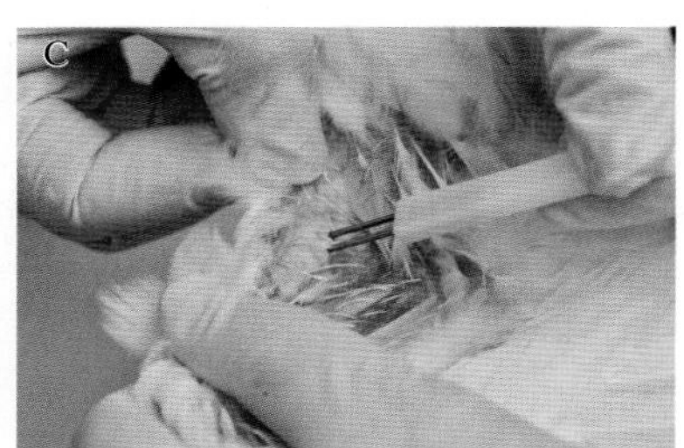

图4-32　刺种针刺种免疫

A.固定鸡翅　B.垂直刺穿翼膜三角区皮肤　C.拔出刺种针

3.注意事项

（1）疫苗稀释时间越短越好，一般不超过3分钟，同时要注意操作时避光、避风。

（2）疫苗应勤配少配，严格控制使用时间，一般不超过60分钟。

（3）暂未稀释的疫苗应放回冰箱或带有冰袋的保温箱中，避免接种过程中疫苗温度过高影响免疫效果。

（4）抓鸡时应轻拿轻放。刺种器或刺种针禁止接触鸡羽毛，刺种时应小心拨开鸡羽毛，注意不要伤及鸡只肌肉、关节、血管、神经和骨头。

（5）刺种针钝卷或被污染，应立即更换刺种针。

【清场】

1. 免疫完成后，免疫队将所有用具分类统一消毒处理，废弃疫苗瓶放入消毒桶（图4-33），针头放入损伤性废物容器内（图4-34）。

2. 养殖场安排人员对配苗区和免疫区进行检查、整理、清扫，配苗区进行消毒。

图4-33　消毒桶

图4-34　损伤性废物容器

【免疫评估】根据免疫接种质控点，评估刺种免疫过程和结果，可参考《刺种免疫接种质量评估表》（图4-35和表4-5）。

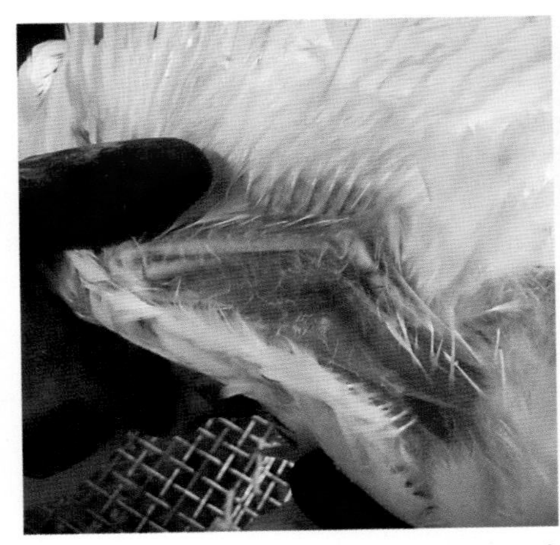

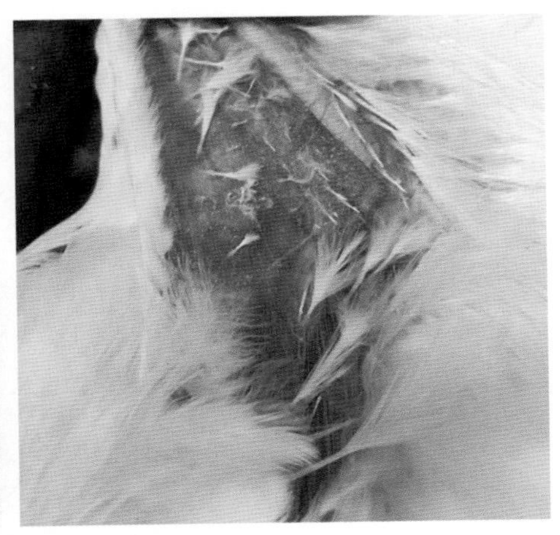

图4-35　刺种部位结痂

表4-5　刺种免疫接种质量评估表

刺种免疫接种质量评估表				
鸡场名称：		免疫鸡舍：	免疫队长：	
免疫时间：		评估时间：	评估人：	
评估项目	序号	具体内容	评分标准	得分
免疫准备	1	入场（舍）着装及其他防护良好	3	
	2	入场（舍）按场区规定消毒	3	
	3	免疫用具准备齐全并消毒	7	
	4	检查核对疫苗种类、厂家、批次、有效期和物理性状	3	
	5	免疫稀释前不能打开疫苗橡胶塞	4	
	6	3分钟内混匀稀释好疫苗	4	
	7	避光、避风操作	3	
	8	未使用疫苗放回冰箱或保温箱	3	
免疫操作	1	疫苗稀释后免疫不超60分钟	9	
	2	刺种针锋利无钝卷	8	
	3	刺种针被污染后是否及时更换	9	
	4	刺种部位是否准确	10	
	5	是否有刺伤、断翅等情况	9	
	6	疫苗用量是否准确	8	
	7	免疫后5～7天观察结痂率80%以上	11	
免疫结果	1	免疫用具和器皿回收、清点、消毒	3	
	2	填写《免疫信息实时记录表》	2	
	3	按场区规定离舍（场）	1	
总分			100	
总评				

注：1.得分对应：≥95为优秀，80～94为良好，60～79为一般，≤59为差。
2.结痂率：5点取样随机抽取50只鸡，观察翼膜结痂情况数占比。

【附录】见《免疫信息实时记录表》。

视频：刺种免疫接种

刺种器免疫接种00′24″ 刺种针免疫接种01′49″

四、气雾免疫接种SOP

（一）背负式喷雾器免疫接种SOP

【目的】规范免疫人员背负式喷雾器的免疫操作，保证免疫过程的安全、准确、有效。

【适用范围】

1. 适用于养殖现场气雾免疫。

2. 适用于鸡新城疫活疫苗、鸡传染性支气管炎活疫苗、鸡新城疫-传染性支气管炎二联活疫苗等活疫苗。

【责任者】免疫队、质量监督部相关人员。

【正文】

1.物品准备　背负式喷雾器、纯净水或蒸馏水、疫苗、保温箱、冰袋、量筒、塑料水桶、玻璃棒、计时器、10毫升注射器、无粉乳胶手套、一次性使用医用口罩、工作服、胶鞋、护目镜、75%酒精、免疫泡腾片（红色）、消毒液等。

2.免疫操作

（1）安装与调试

①按照喷雾器说明书将压力杆、手柄、压力计连接好。

②选择合适喷头，根据喷雾需求安装1或2个喷头（图4-36）。

③喷雾器疫苗桶内加入稀释液，喷头距离地面或垫纸40厘米，连续按压压力杆加压，拔出旋钮，调节压力至0.2兆帕，保证雾滴均匀（图4-37）。

（2）疫苗领用及稀释

①按免疫用量计算本次免疫所需疫苗、纯净水或蒸馏水数量（30毫升/

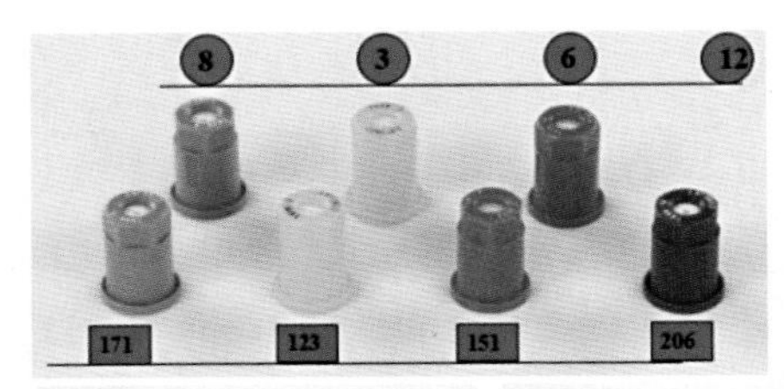

喷嘴	颜色	平均粒度（微米）	流量（升/分钟）
TXVK3	黄色	123	0.16
TXVK6	红色	151	0.33
TXVK8	灰色	171	0.45
TXVK12	棕色	206	0.64
TXVK18	橙色	233	0.98

图4-36　根据喷雾需求安装1或2个喷头

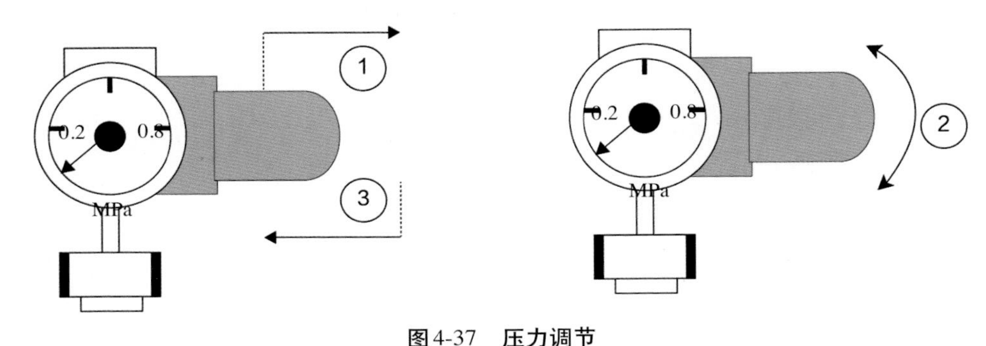

图4-37　压力调节

①拔出旋钮　②旋转旋钮调节压力　③按下旋钮

盒)、免疫泡腾片数量，按需领用，检查核对疫苗种类、厂家、批次、有效期和物理性状等，填写《免疫信息实时记录表》。

②量杯内加入计算好的纯净水或蒸馏水，并加入免疫泡腾片作用5分钟（图4-38)。

③拉开疫苗瓶铝盖（图4-39)，在塑料水桶液面下打开疫苗瓶胶塞，待免疫用水涌入疫苗瓶，将疫苗瓶拿至液面上，将疫苗液倾倒至免疫用水中。重复操作3次以反复洗涤疫苗瓶。

④使用玻璃棒搅拌均匀后，将疫苗液倒入喷雾器疫苗桶内，完成疫苗配制。

(3）喷雾免疫（以1日龄雏鸡喷雾免疫为例）

①计算免疫时间。选择合适的喷头，按照如下公式计算：

$$T=(B\times W)/(F\times N)$$

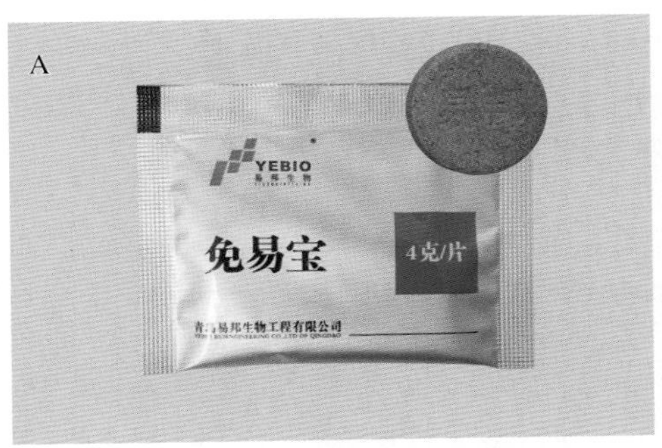

图4-38　免疫用水加入免疫泡腾片作用5分钟

A.免疫泡腾片　B.泡腾片加入前　C.将泡腾片加入免疫用水中　D.溶解后作用5分钟

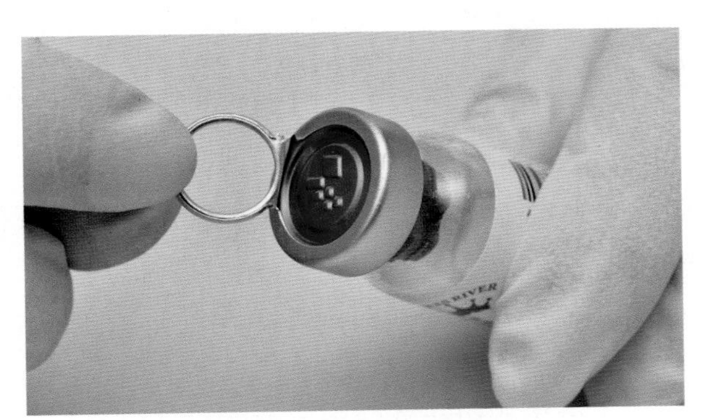

图4-39　拉开疫苗瓶铝盖

式中，*T*表示免疫时间（分钟），*B*表示以1 000只鸡为一个单位的鸡的数量，*W*表示供1 000只鸡用的水量（升），*F*表示喷头流量（升/分钟），*N*表示喷头数量。

以15 000只鸡苗为例，*B*=15，*W*=30毫升/盒×10盒（100只/盒），*F*=0.64升/分钟，*N*=2个喷头，可计算*T*=（15×0.3）/（0.64×2）≈3.5分钟，

喷雾一遍需要使用4.5升喷雾3.5分钟。

②设计喷雾免疫行进路线（图4-40），逐盒紧挨着摆放。按照计算的喷雾时间、疫苗液量在空地只喷稀释液模拟两次。

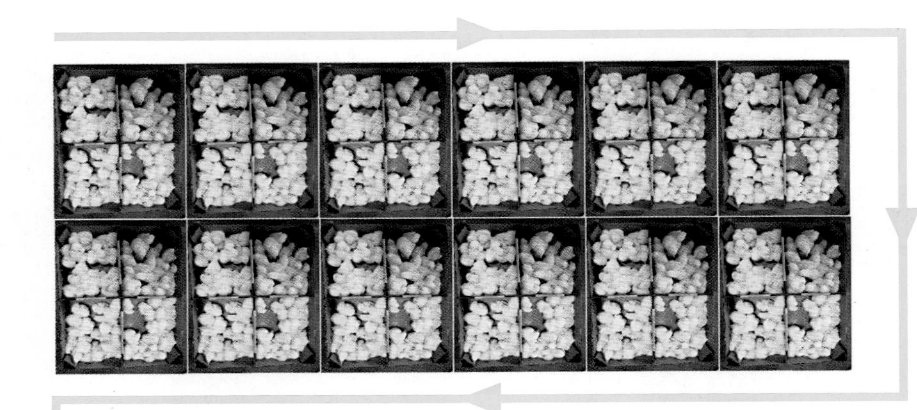

图4-40 喷雾路线

③一人在免疫人员前面用木棍等器具轻力敲打转运盒，使鸡保持活跃状态，行进速度与免疫人员同步。

④免疫操作人员连续加压使压力维持在0.2兆帕，压下喷雾杆开关，将开关锁扣扣上。

⑤喷头距鸡头40厘米高度匀速行进。需要连续喷雾免疫2遍。

⑥喷雾结束后静置10～15分钟，再将鸡从转运盒中放入指定区域。

3. 注意事项

（1）确定环境控制指标符合喷雾免疫要求。室温28～30℃，相对湿度70%，光照强度30勒克斯，空气质量良好，零风速状态。

（2）疫苗应勤配少配，严格控制使用时间，一般不超过60分钟。

（3）喷雾过程中持续加压，始终维持工作压力0.2兆帕。

(4) 需要喷2遍，并检查喷雾均匀度。

(5) 两周龄内鸡舍相对湿度不低于70%。

(6) 喷雾结束后缓慢升温至目标温度。

(7) 操作人员做好安全防护，穿戴工作服、胶靴、护目镜、一次性使用医用口罩。

【清场】

1. 免疫完成后，免疫队将所有用具分类统一消毒处理，废弃疫苗瓶放入消毒桶（图4-41）。

图4-41 消毒桶

2.喷雾器维护

(1) 每次喷雾免疫接种后对喷雾器进行清洗和消毒。

(2) 疫苗桶内加200毫升75%酒精，摇晃喷雾器使酒精充分涮洗疫苗桶内壁，然后以喷雾的方式，将酒精排至废液桶内。

(3) 疫苗桶内加1.5升蒸馏水或纯净水，摇晃喷雾器使液体充分涮洗疫苗桶内壁，然后以喷雾的方式，将液体排至废液桶内。

(4) 拆下喷头，拆开组件放入盛有75%酒精的容器内浸泡30分钟，然后用纯净水冲洗干净。

(5) 清除喷雾器表面灰尘和有机物，用抹布蘸取肥皂水清洗表面，再用干净抹布清洗表面，晾干。

(6) 将机器存放于避开灰尘和阳光直射的地方。

【免疫评估】根据免疫接种质控点，评估背负式喷雾免疫过程和结果，可参考《背负式喷雾免疫接种质量评估表》（表4-6）。

表4-6　背负式喷雾免疫接种质量评估表

背负式喷雾免疫接种质量评估表				
鸡场名称：		免疫鸡舍：	免疫队长：	
免疫时间：		评估时间：	评估人：	
评估项目	序号	具体内容	评分标准	得分
免疫准备	1	入场（舍）着装及其他防护良好	2	
	2	入场（舍）按场区规定消毒	2	
	3	免疫用具准备齐全并消毒	4	
	4	检查核对疫苗种类、厂家、批次、有效期和物理性状	2	
	5	疫苗稀释前不能打开疫苗胶塞	2	
	6	压力设定0.2兆帕	5	
	7	喷头喷雾状态均匀一致	3	
	8	环控指标符合喷雾免疫要求	2	
	9	选择合适喷头	4	
	10	稀释液使用纯净水或蒸馏水	2	
	11	免疫路线设计合理	2	
免疫操作	1	喷头与鸡头距离40厘米	10	
	2	压力持续维持在0.2兆帕	15	
	3	重复喷雾两遍	10	
	4	疫苗使用时间不超过60分钟	10	
	5	雾滴均匀一致，边缘和角落都能覆盖到	10	
免疫结果	1	喷雾结束后静置10～15分钟	6	
	2	免疫时间、用水量计算准确	5	
	3	喷雾器和喷头清洗、消毒	4	
总分			100	
总评				

注：得分对应：≥95为优秀，80～94为良好，60～79为一般，≤59为差。

【背负式喷雾器故障检查和处理】见表4-7。

表4-7　背负式喷雾器故障检查和处理

故障	检查	处理
实际喷雾时间比计算值多得多	橡胶管、喷雾杆和喷头	用蒸馏水清洗喷嘴和喷嘴过滤器，清洗阀门手柄上的过滤器
容器内的压力增加不了	螺栓	拧紧螺栓以紧固橡皮圆盘
容器有压力，但完全不能喷雾	压力调节器、喷头	打开压力调节器，清洗或更换喷头
喷雾后压力表不能归零	压力表	更换压力表
喷雾状态不正常	喷头、喷雾系统	检查喷头，检查所有的连接（如阀门手柄与管子之间的接头）是否紧固

【附录】见《免疫信息实时记录表》。

（二）箱体式喷雾机安装和保养SOP

【目的】规范箱体式喷雾机的安装和维护，保证箱体式喷雾机的正常使用和运行，延长使用寿命。

【适用范围】箱体式喷雾机。

【责任者】免疫队、质量监督部相关人员。

【正文】

1.物品清单　箱体式喷雾机、空气压缩机、稀释液（蒸馏水或纯净水）、量筒、工具箱（图4-42）、抹布、75%酒精、工作服、医用橡胶手套、护目镜等。

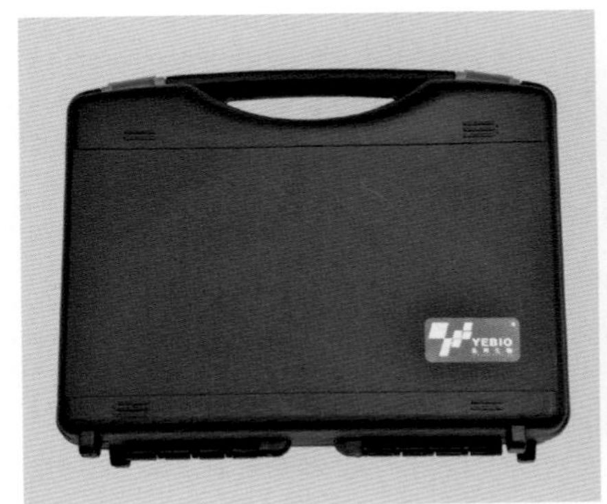

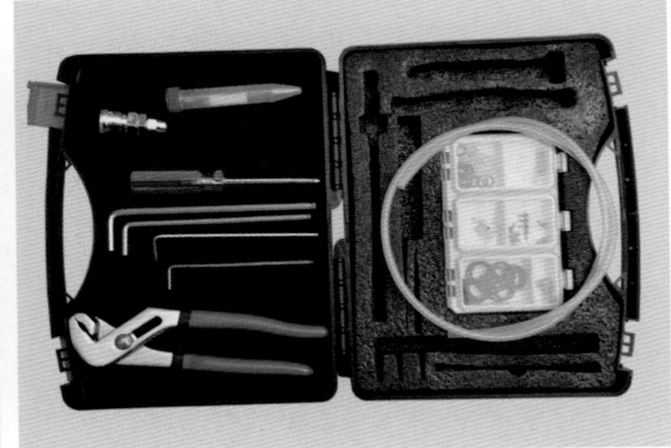

图4-42　工具箱

2. 安装和调试

（1）打开包装，两人将主机抬起，第三个人将主机下方四根腿逐一插入主机下方四个支架内，调整机器平衡，拧紧支架上的固定螺丝，锁定万向轮。

（2）取出疫苗桶，放入主机后方疫苗桶底座内。

（3）安装剂量控制单元（图4-43），在剂量控制单元进气孔连接红色进气管，出气孔连接蓝色出气管。出液孔连接出液管，进液孔连接进液管（图4-44）。

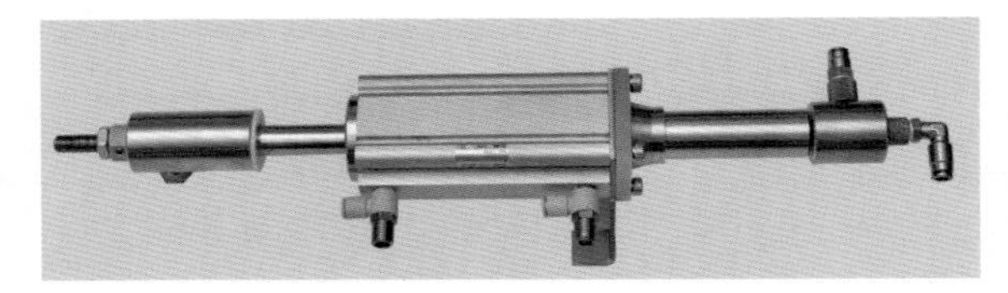

图4-43　剂量控制单元

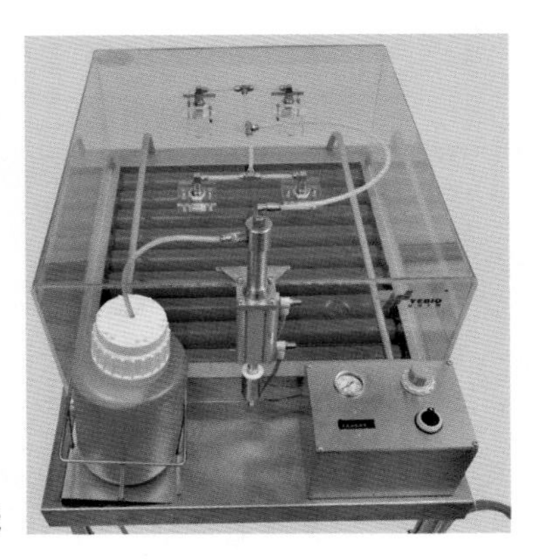

图4-44　安装疫苗桶，连接疫苗管线

（4）根据鸡盒的尺寸调节并固定限位导向杆（图4-45）。

（5）将压缩空气管线插入喷雾机接口，集液管放入废液桶，喷雾机安装完成（图4-46）。

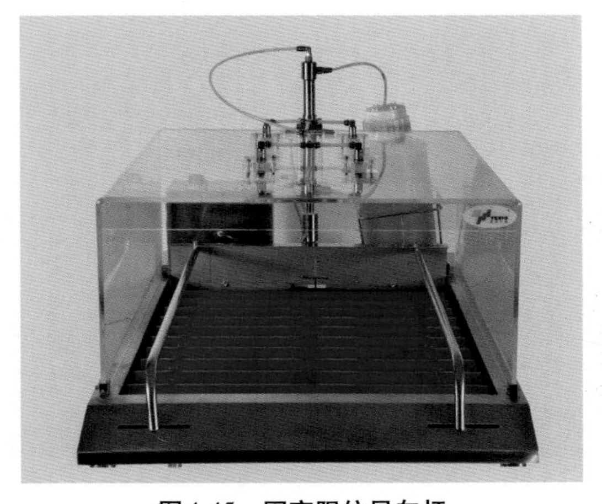

图4-45　固定限位导向杆

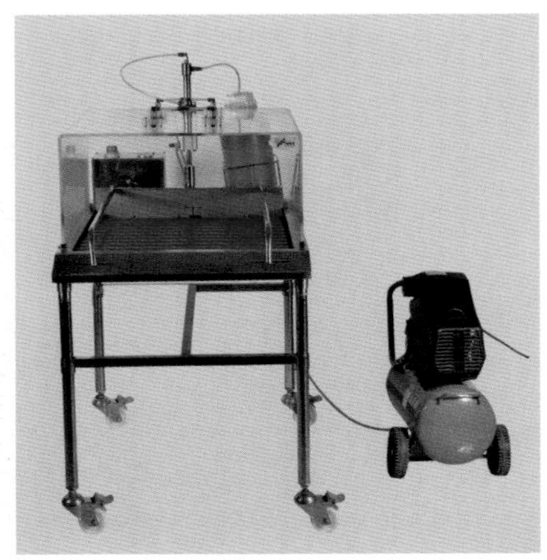

图4-46　安装完成

(6) 打开空气压缩机开关和球阀，打开喷雾机开关。

(7) 拇指和食指捏住压力调节器开关，轻轻向上拔出约3毫米，缓慢顺逆旋转（图4-47）调至压力表显示0.4兆帕（图4-48）。

(8) 疫苗桶内倒入1升稀释液。

(9) 选用空的雏鸡盒推入喷雾机箱体内，触碰喷雾单元触点开关，完成一次喷雾，连续重复多喷几次，直至四个喷头连接管线内空气排出，四个喷头喷出均匀一致的雾滴（图4-49）。

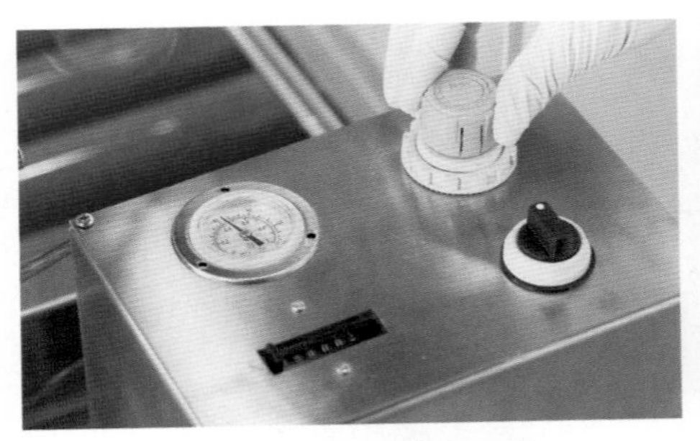

图4-47　旋转调节器开关

图4-48　压力表显示0.4兆帕

图4-49　喷雾均匀

(10) 取量筒置于一个喷头下（图4-50），连续完成两次喷雾后看量筒内稀释液的量，是否与喷雾机设置剂量的1/2一致（图4-51），四个喷头逐一检查。出厂设置一般是15毫升，不需要调节。

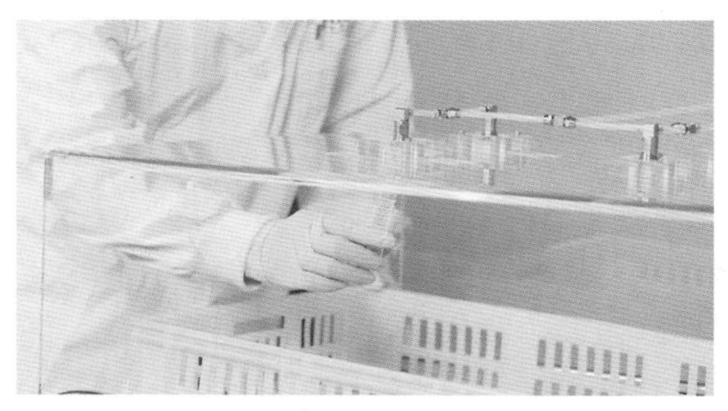

图4-50　喷头检查

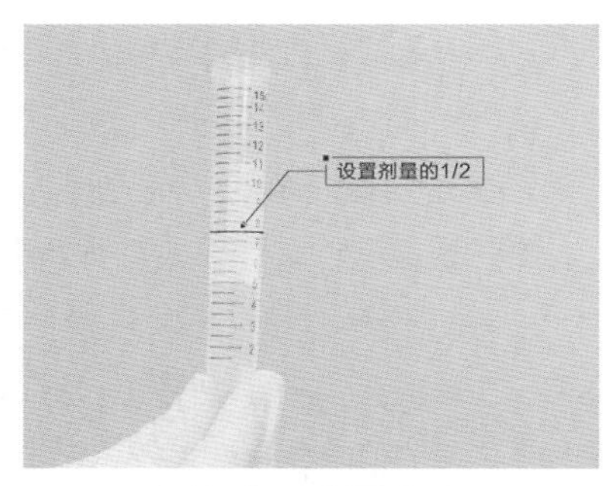

图4—51　剂量校对

（11）剂量不准确时需进行调节。关闭喷雾机开关，使用17号扳手松开限位螺丝（图4-52），旋转剂量调节器向上减少剂量，向下增加剂量（图4-53）。调节完毕，校准喷雾剂量无误后，固定限位螺丝。

图4-52　松开限位螺丝

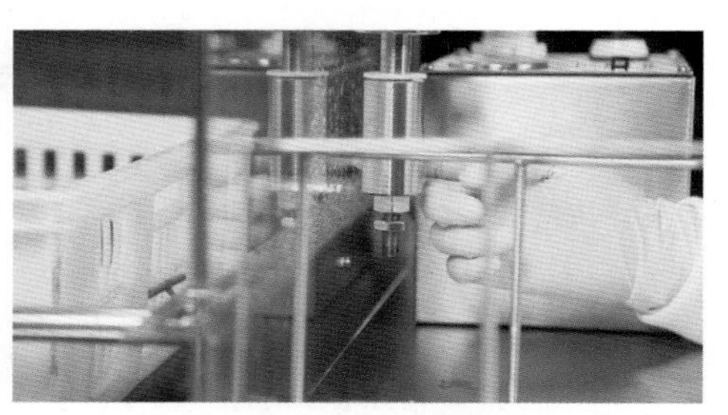

图4-53　调整剂量控制单元

（12）取空的雏鸡盒铺上垫纸，推入喷雾机箱体内，果断触碰完成一次喷雾，查看垫纸上雾滴的均匀度和分布，雾滴是否覆盖均匀（图4-54）。

图4-54　垫纸雾滴覆盖均匀

3.喷雾机清洗和消毒

（1）每次喷雾免疫接种后对喷雾机进行清洗和消毒。

（2）疫苗桶内加200毫升75%酒精，以喷雾方式对疫苗管线进行冲洗，将酒精全部排出；然后再用400毫升蒸馏水对疫苗管线进行冲洗，将水全部排出后再连续喷雾10次，把蒸馏水从系统中排净。

(3) 清除喷雾机表面灰尘和有机物，用抹布蘸取肥皂水清洗框架，再用干净抹布清洗框架，晾干。

(4) 将机器存放于干燥、避开灰尘和阳光直射的地方。

4. 喷雾机维护和保养

(1) 每经过5万个鸡盒的疫苗接种，更换剂量控制单元进出口阀门的弹簧、密封圈和活塞密封圈。更换新活塞密封圈装回疫苗加注筒之前添加硅油（图4-55）。

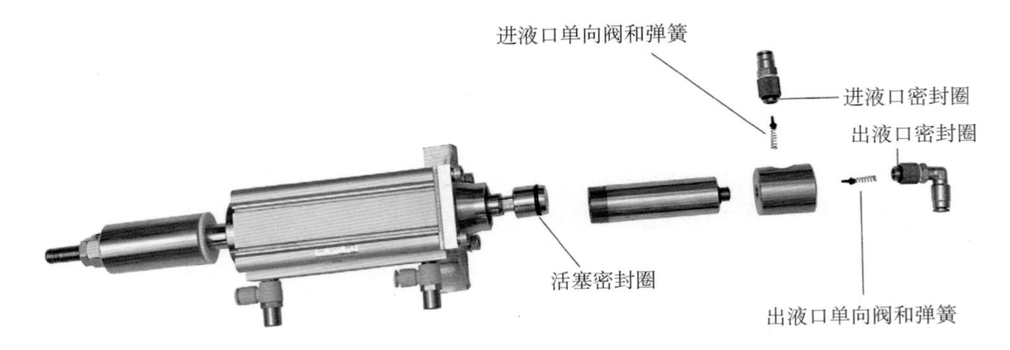

图4-55　剂量控制单元分解

(2) 根据使用频率每1～3个月更换所有疫苗系统管线。关闭喷雾机开关，一手握连接器向上按压管线固定接头，一手向下拉疫苗管，即可拆下；同样的方法逐个拆下疫苗管，新的疫苗管直接插入固定接头即可。

(3) 每经过5万个鸡盒的疫苗接种，拆下喷头，卸开组件，更换喷头垫片，全部组件放入75%酒精浸泡30分钟，然后用纯净水冲洗干净，晾干，安装待用（图4-56）。

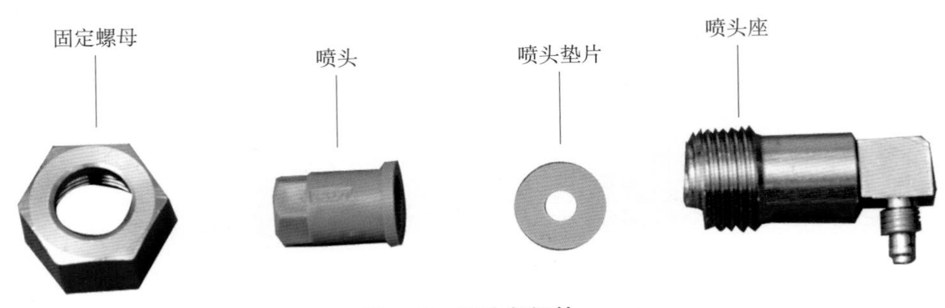

图4-56　喷头各组件

（4）定期清理或更换空气过滤器，滤芯颜色变深时须更换（图4-57）。

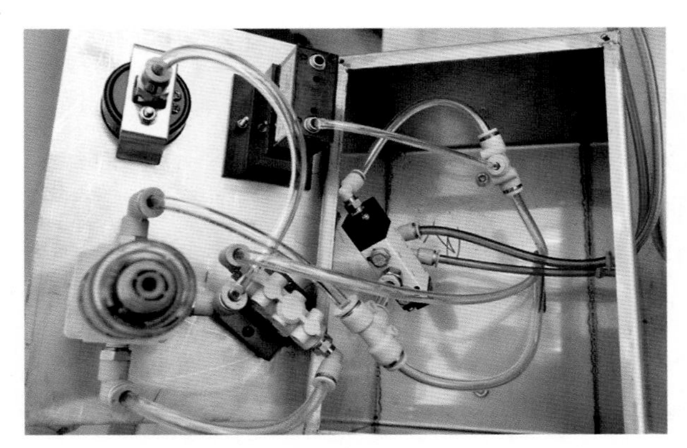

图4-57　空气过滤器

5.喷雾机故障问题检查和处理　见表4-8。

表4-8　喷雾机故障问题检查和处理

故障	检查	处理
压缩空气连接不畅	接头是否匹配	更换接头
没有压缩空气	压缩机进气管线	启动压缩机，保证空气流通
喷雾机中没有压缩空气	“开/停”按钮	置于正确位置
	调节压力器	打开调节器让空气流入
压力表指示0	管线连接处	将管线连接好
	压力表	更换压力表
压力表不归0	“开/关”按钮	置于正确位置，如果闭锁，需更换
	压力表	如果损坏，需更换
不能喷雾	检查压力	保持压力0.4兆帕以上
	管线系统	正确妥善连接管线，连接牢固
当鸡盒移走时开始喷雾	气缸上管线连接	交换管线连接
活塞回程缓慢或不返回	气缸上的压力调节	向左旋转螺丝
	入口端的单向阀和弹簧	清理或更换
	填充速度	气缸压力调节器减慢速度（右旋）
推不动活塞	压力	保持压力0.4兆帕以上
	出液口单向阀及弹簧	清理或更换

（续）

故障	检查	处理
活塞推动太慢	压力	保持压力0.4兆帕以上
	活塞系统	清洁
	喷头接管	清洁并疏通
	喷头及喷头单向阀和弹簧	清理或更换
喷雾量少于设定剂量	活塞系统	清洁
	活塞的移动	调节剂量螺帽
活塞筒内疫苗渗漏	活塞的垫圈	更换和加硅油
喷头喷不出疫苗	疫苗管线和喷头	清洁或更换
喷雾状态不规律	喷头	清洁或更换
疫苗渗漏	管线和附件	正确连接或更换

（三）箱体式喷雾机免疫接种SOP

【目的】规范免疫人员箱体式喷雾机免疫操作，保证免疫过程的安全、准确、有效。

【适用范围】

1. 适用于孵化场雏鸡1日龄喷雾免疫。

2. 适用于鸡新城疫活疫苗、鸡传染性支气管炎活疫苗、鸡新城疫-传染性支气管炎二联活疫苗等活疫苗。

【责任者】免疫队、质量监督部相关人员。

【正文】

1. 物品清单　箱体式喷雾机、空气压缩机、疫苗、纯净水或蒸馏水、免疫泡腾片（红色）、量筒、10毫升注射器、无粉乳胶手套、一次性使用医用口罩、75%酒精、消毒液等（图4-58）。

2. 免疫操作

（1）疫苗领用及稀释

①按免疫用量计算本次免疫所需疫苗、纯净水或蒸馏水、免疫泡腾片数量，按需领用，检查核对疫苗种类、厂家、批次、有效期和物理性状等，填写《免疫信息实时记录表》。

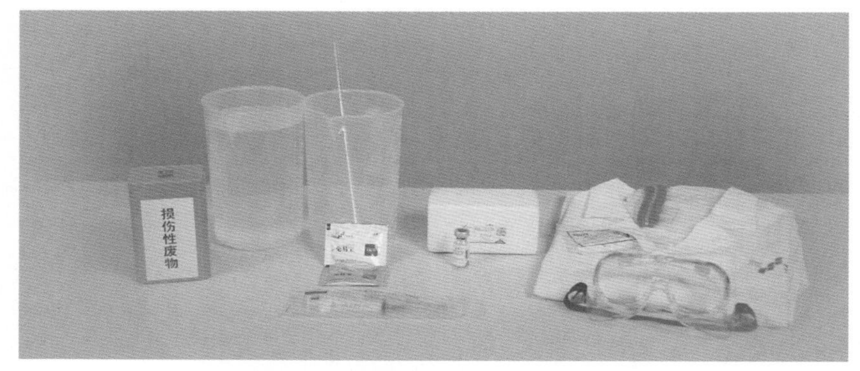

图4-58　箱体式喷雾机免疫所需主要物品

②准备喷雾用蒸馏水量，加入免疫泡腾片，作用5分钟，用于疫苗稀释和喷雾（图4-59）。

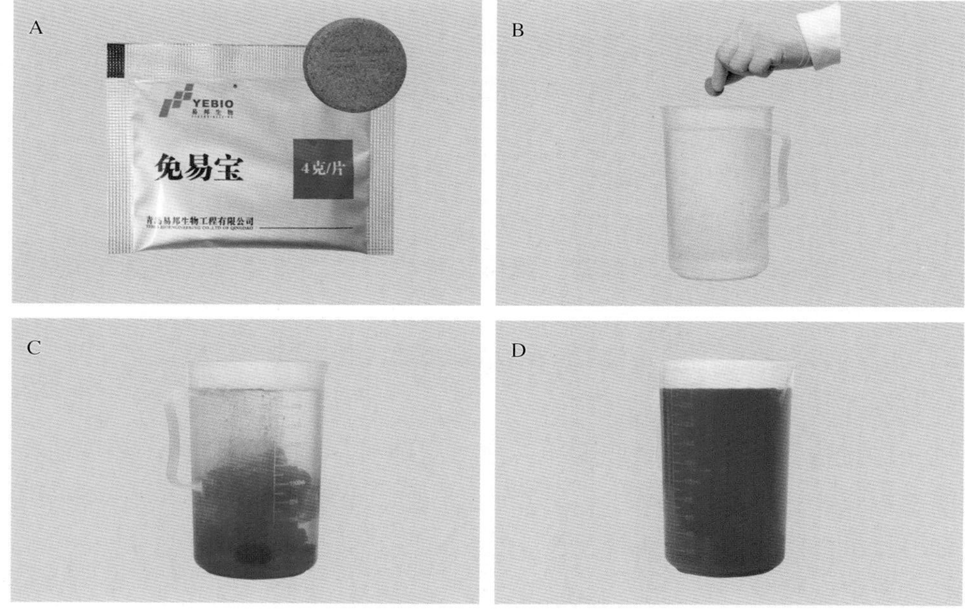

图4-59　免疫用水加入免疫泡腾片作用5分钟

A.免疫泡腾片　B.泡腾片加入前　C.将泡腾片加入免疫用水中　D.溶解后作用5分钟

③拉开疫苗瓶外盖（图4-60），用注射器抽取3～5毫升稀释液。将注射器针头刺入疫苗瓶，稀释液自动吸入疫苗瓶内（图4-61）。

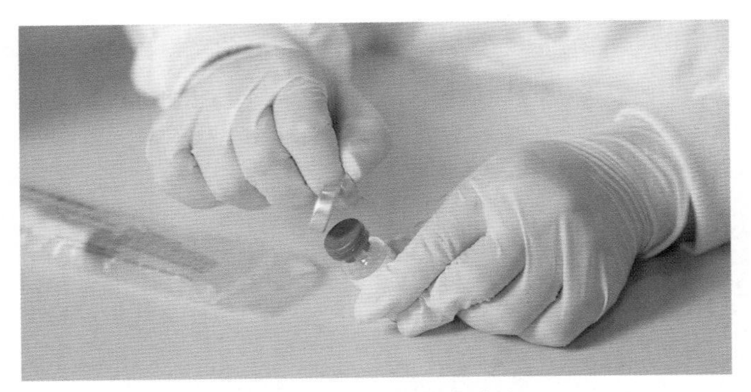

图4-60　拉开疫苗瓶外盖

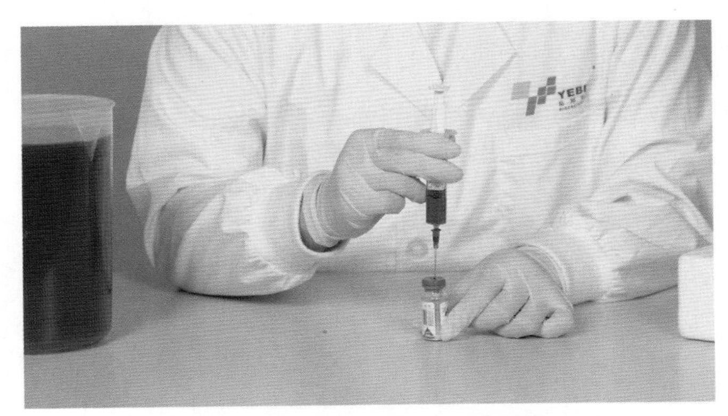

图4-61　稀释液自动吸入疫苗瓶

④捏住疫苗瓶上下两端，轻轻颠倒5～6次混匀（图4-62），避免产生气泡。

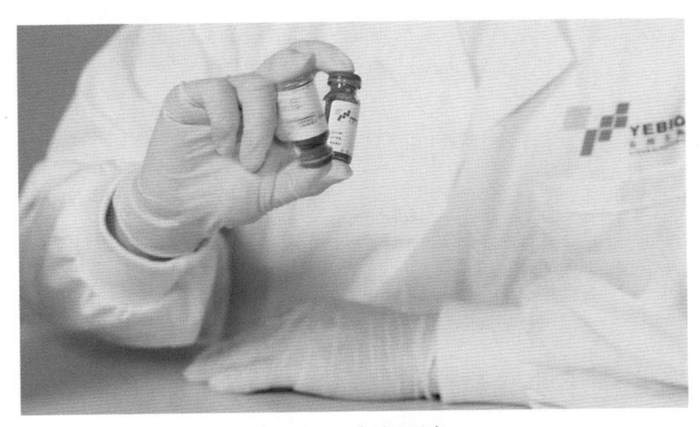

图4-62　颠倒混匀

⑤将稀释好的疫苗液倒入盛有稀释液的量杯内，反复冲洗疫苗瓶3次（图4-63）。混匀疫苗液（图4-64）。

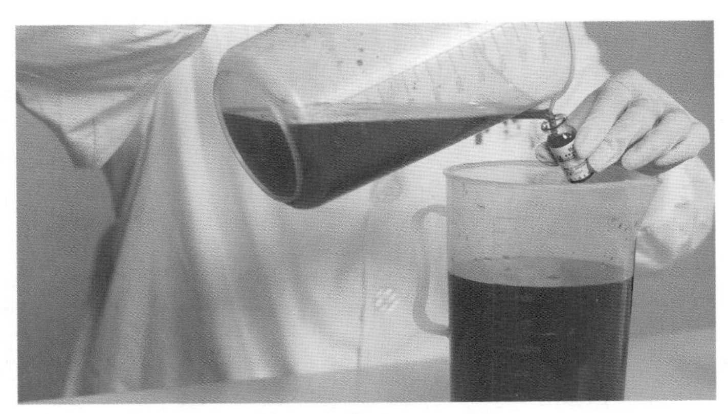

图4-63 反复洗涤疫苗瓶

图4-64 搅拌混匀疫苗液

⑥将疫苗液倒入疫苗桶内，疫苗配制完成。

（2）喷雾免疫接种

①双手水平搬运雏鸡盒推送到喷雾机箱体内（图4-65）。

②向里推动雏鸡盒，果断触发触点开关。

③停留3秒钟后水平拉出（图4-66）。

④双手水平端出雏鸡盒平铺于20～40勒克斯光照下10～15分钟（图4-67），再上下摞起，置于指定位置待转运（图4-68）。

图4-65　双手水平搬运雏鸡盒推送到喷雾机箱体内

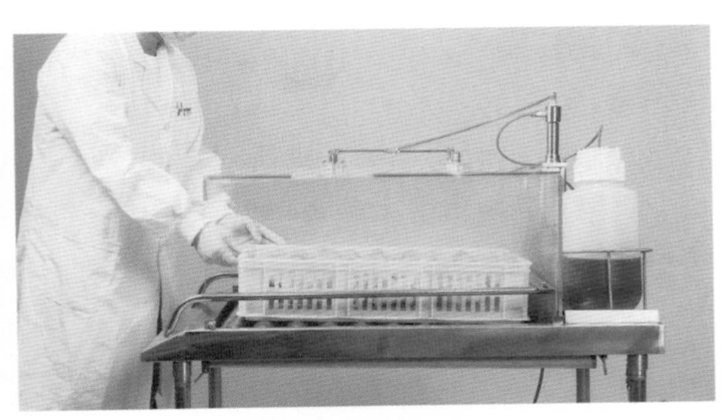

图4-66　喷雾免疫

图4-67　雏鸡盒平铺于强光下

图4-68　免疫结束待转运

3.注意事项

（1）孵化场配苗需要配备专属的工作间或工作台。

（2）接种大厅环控指标：室温25～28℃，相对湿度60%，空气清洁。

（3）盒内雏鸡不能出现倾斜聚堆的现象。

（4）疫苗稀释后尽快使用，保证在60分钟内用完。

（5）气雾免疫后的雏鸡应在20～40勒克斯光照下停留10～15分钟。

（6）检查每个喷头喷雾情况，防止堵塞或喷雾不均匀。

（7）每次使用前应检查剂量是否一致和准确。

（8）操作人员做好安全防护，穿戴工作服、胶靴、护目镜、一次性使用医用口罩。

【清场】

1. 免疫完成后，免疫队将所有用具分类统一消毒处理，废弃疫苗瓶放入消毒桶，针头放入损伤性废物容器内。

2. 免疫操作人员对配苗区和免疫区进行检查、整理、清扫，配苗区进行消毒。

3. 喷雾机清理维护，执行《箱体式喷雾机安装和保养SOP》。

【免疫评估】根据免疫接种质控点，评估箱体式喷雾免疫过程和结果，可参考《箱体式喷雾免疫接种质量评估表》（表4-9）。

表4-9　箱体式喷雾免疫接种质量评估表

<table>
<tr><th colspan="5">箱体式喷雾免疫接种质量评估表</th></tr>
<tr><td colspan="5">鸡场名称：　　　　免疫鸡舍：　　　　免疫队长：</td></tr>
<tr><td colspan="5">免疫时间：　　　　评估时间：　　　　评估人：</td></tr>
<tr><td>评估项目</td><td>序号</td><td>具体内容</td><td>评分标准</td><td>得分</td></tr>
<tr><td rowspan="7">免疫准备</td><td>1</td><td>入场（舍）着装及其他防护良好</td><td>4</td><td></td></tr>
<tr><td>2</td><td>入场（舍）按场区规定消毒</td><td>4</td><td></td></tr>
<tr><td>3</td><td>免疫用具准备齐全并消毒</td><td>6</td><td></td></tr>
<tr><td>4</td><td>检查核对疫苗种类、厂家、批次、有效期和物理性状</td><td>4</td><td></td></tr>
<tr><td>5</td><td>喷头喷雾状态均匀一致，喷雾器出水剂量准确</td><td>4</td><td></td></tr>
<tr><td>6</td><td>接种大厅环控指标达标（温度25～28℃，湿度60%）</td><td>4</td><td></td></tr>
<tr><td>7</td><td>配备专属配苗工作间</td><td>4</td><td></td></tr>
<tr><td rowspan="7">免疫操作</td><td>1</td><td>压力设定0.4兆帕</td><td>10</td><td></td></tr>
<tr><td>2</td><td>是否使用可视化颜色指示剂</td><td>5</td><td></td></tr>
<tr><td>3</td><td>稀释液是否是纯净水或蒸馏水</td><td>6</td><td></td></tr>
<tr><td>4</td><td>果断触碰喷雾启动开关</td><td>8</td><td></td></tr>
<tr><td>5</td><td>喷雾时鸡只是否倾斜聚堆</td><td>8</td><td></td></tr>
<tr><td>6</td><td>喷雾停留3秒</td><td>10</td><td></td></tr>
<tr><td>7</td><td>喷雾后雏鸡平铺于20～40勒克斯光照下10～15分钟</td><td>8</td><td></td></tr>
<tr><td rowspan="3">免疫结果</td><td>1</td><td>免疫用具和器皿回收、清点、消毒</td><td>6</td><td></td></tr>
<tr><td>2</td><td>设备清洗、消毒</td><td>5</td><td></td></tr>
<tr><td>3</td><td>设备定期维护</td><td>4</td><td></td></tr>
<tr><td colspan="3">总分</td><td>100</td><td></td></tr>
<tr><td>总评</td><td colspan="4"></td></tr>
</table>

注：得分对应：≥95为优秀，80～94为良好，60～79为一般，≤59为差。

【附录】见《免疫信息实时记录表》。

视频：气雾免疫接种

安装00′18″ 调节和校准01′23″ 免疫接种03′03″

清洗和消毒05′01″ 保养和维护05′30″

（四）喷雾车喷雾接种SOP

【目的】规范免疫人员使用喷雾车的免疫操作，保证免疫过程的安全、准确、有效。

【适用范围】

1. 适用于H形或A形笼养鸡喷雾免疫。

2. 适用于鸡新城疫活疫苗、鸡传染性支气管炎活疫苗、鸡新城疫-传染性支气管炎二联活疫苗等活疫苗。

【责任者】免疫队、质量监督部相关人员。

【正文】

1.物品清单　喷雾车、纯净水或蒸馏水、疫苗、量筒、10毫升注射器、玻璃棒、无粉乳胶手套、一次性使用医用口罩、工作服、护目镜、75%酒精、消毒液等（图4-69）。

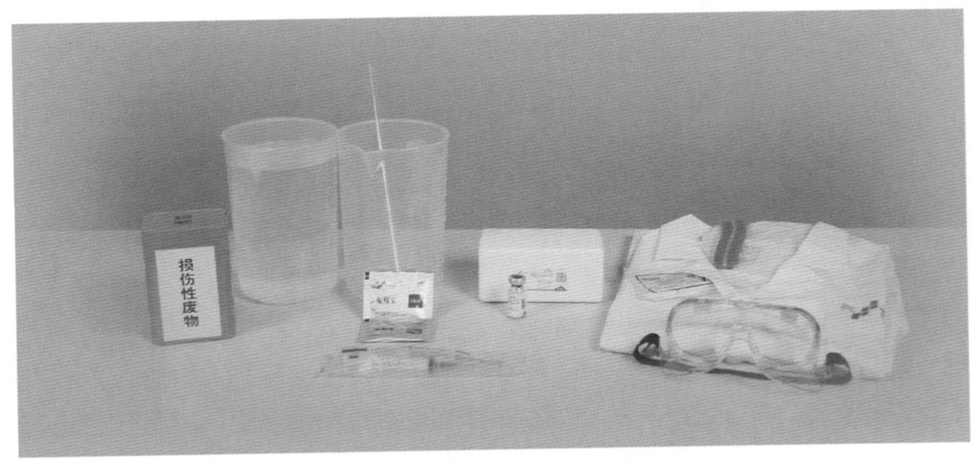

图4-69　喷雾车免疫所需主要物品

2. 免疫操作

（1）安装与调试

①按照喷雾车说明书，选择合适高度的喷雾杆安装在喷雾车底座。

②根据鸡的日龄按照喷雾车说明书建议选择喷头的规格，按照饲养方式选择喷头数量安装在喷雾杆上。

③调整喷雾杆的宽度，使喷头距离鸡笼10～20厘米，高度为鸡笼的上2/3处。

④喷雾车疫苗桶内加入稀释液，打开电源开关，压力调节至0.4兆帕，打开两侧喷雾杆开关，查看雾滴均匀度。

（2）疫苗领用及配制

①按免疫用量计算本次免疫所需疫苗、纯净水或蒸馏水数量（0.6毫升/只），按需领用，检查核对疫苗种类、厂家、批次、有效期和物理性状等，填写《免疫信息实时记录表》。

②塑料水桶内加入计算好的纯净水或蒸馏水。

③拉开疫苗瓶铝盖，在塑料水桶液面下打开疫苗瓶胶塞，待免疫用水涌入疫苗瓶，将疫苗瓶拿至液面上，将疫苗液倾倒至免疫用水中。重复操作3次以反复洗涤疫苗瓶。

④使用玻璃棒搅拌均匀后，将疫苗液倒入喷雾车疫苗桶内，完成疫苗配制。

（3）喷雾免疫接种

①根据下列公式计算喷雾车行进速度：

$$\text{行进速度（米/秒）}=\frac{\text{鸡舍的长度}\times\text{喷头的流量}}{\text{单层鸡只的数量}\times\text{每只鸡需要的喷雾量（0.6毫升/只）}}$$

②关闭风机，打开侧窗。

③开启喷雾车左侧、右侧开关，压力达到0.4兆帕，打开出水阀门，按设定好的路线（由中间过道向两边，最后喷边道，如果是上下两层的大规模鸡舍，先喷上层，再喷下层。如有条件可多台喷雾车同时进行）和速度，匀速前进，一人推车，一人在前面辅助，时刻关注两侧喷头是否正常工作（图4-70）。

图4-70　喷雾车免疫

④喷雾结束后静置5分钟，可根据鸡舍温度适度调整。

⑤开启正常饲养管理所需风机。

3.注意事项

（1）确定环控指标符合喷雾免疫要求，室温18～25℃，相对湿度60%，鸡舍粉尘浓度不高于3.4毫克/米^3，风速为0风速状态。

（2）疫苗应勤配少配，严格控制使用时间，一般不超过60分钟。

（3）喷雾过程时刻关注每个喷头的喷雾状态。

（4）炎热季节或者外温高于25℃时不建议喷雾免疫。

（5）免疫中时刻关注舍温，避免超温。

（6）操作人员做好安全防护，穿戴工作服、胶靴、护目镜、一次性使用医用口罩。

【清场】

1.免疫完成后，免疫队将所有用具分类统一消毒处理，废弃疫苗瓶放入消毒桶。

2.喷雾车维护

（1）每次喷雾免疫接种后对喷雾车进行清洗和消毒。

（2）疫苗桶内加适量75%酒精，充分涮洗疫苗桶内壁，然后以喷雾的方式将酒精从喷头排出。

（3）疫苗桶内加5升蒸馏水或纯净水，充分涮洗疫苗桶内壁，然后以喷雾的方式将液体从喷头排出。

（4）拆下喷头，拆开组件，放入盛有75%酒精的容器内浸泡30分钟，然后用纯净水冲洗干净。

（5）清除喷雾车表面灰尘和有机物，用抹布蘸取肥皂水清洗表面，再用干净抹布清洗表面，晾干。

（6）将喷雾车存放于干燥、避开灰尘和阳光直射的地方。

【免疫评估】根据免疫接种质控点，评估喷雾车喷雾免疫过程和结果，可参考《喷雾车喷雾免疫接种质量评估表》（表4-10）。

表4-10　喷雾车喷雾免疫接种质量评估表

喷雾车喷雾免疫接种质量评估表				
鸡场名称：		免疫鸡舍：	免疫队长：	
免疫时间：		评估时间：	评估人：	
评估项目	序号	具体内容	评分标准	得分
免疫准备	1	入场（舍）着装及其他防护良好	5	
	2	入场（舍）按场区规定消毒	4	
	3	免疫用具准备齐全并消毒	7	
	4	检查核对疫苗种类、厂家、批次、有效期和物理性状	5	
	5	环控指标符合喷雾免疫要求	5	
	6	稀释液选用纯净水或蒸馏水	4	
免疫操作	1	压力设定0.4兆帕	10	
	2	喷头与鸡笼距离10～20厘米	10	
	3	喷头高度为鸡笼的上2/3处	10	
	4	疫苗使用时间不超过60分钟	7	
	5	免疫路线和行进速度合理	10	
	6	雾滴均匀一致	8	
免疫结果	1	喷雾结束后静置5分钟后开启风机	6	
	2	免疫时间、用水量计算准确	5	
	3	喷雾器、喷头拆卸，清洗消毒	4	
总分			100	
总评				

注：得分对应：≥95为优秀，80～94为良好，60～79为一般，≤59为差。

【附录】见《免疫信息实时记录表》。

五、滴口免疫接种SOP

【目的】规范免疫人员滴口免疫操作，保证免疫过程的安全、准确、有效。

【适用范围】

1. 适用于各日龄、各品种的鸡。

2. 适用于鸡传染性法氏囊病活疫苗、鸡新城疫活疫苗等活疫苗。

【责任者】免疫队、质量监督部相关人员。

【正文】

1. 物品清单　疫苗、生理盐水、连续注射器、稀释液（蓝色）、滴瓶、连接器、滴头、量筒、保温箱、冰袋、温度计、10毫升注射器、无粉乳胶手套、一次性使用医用口罩、垃圾桶、损伤性废物容器、消毒液（图4-71）。

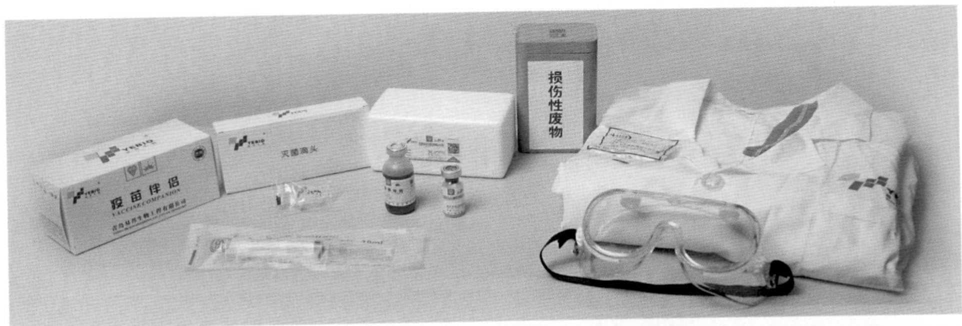

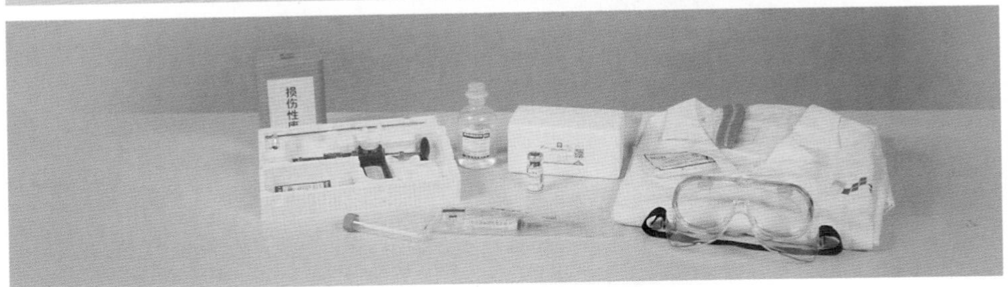

图4-71　滴口免疫所需主要物品

2. 免疫操作

（1）疫苗领用　按免疫用量计算本次免疫所需疫苗及稀释液数量，按需领用，检查核对疫苗种类、厂家、批次、有效期和物理性状等，填写《免疫信息实时记录表》。

（2）滴瓶滴口免疫

①拉开稀释液瓶铝盖，将注射器针头从胶塞的中心刺入，抽取3～5毫升稀释液（图4-72）。

②拉开疫苗瓶铝盖（图4-73），将已抽取稀释液的注射器针头轻轻刺入疫苗瓶胶塞中心，稀释液自动吸入疫苗瓶内（图4-74）。

③用拇指和食指捏住疫苗瓶上下两端，轻轻颠倒5～6次混匀（图4-75），避免产生气泡。

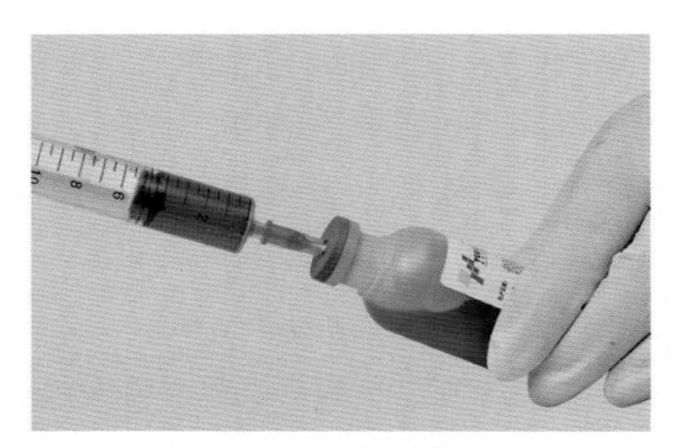

图4-72　抽取稀释液

图4-73　拉开疫苗瓶铝盖

图4-74　稀释液自动吸入疫苗瓶

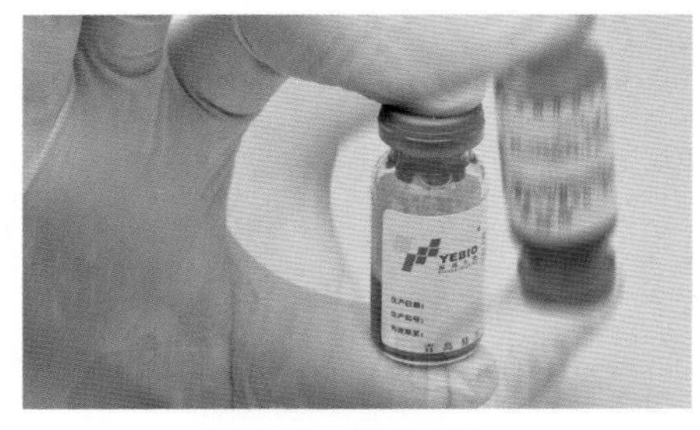

图4-75　颠倒混匀

④分别打开疫苗瓶和稀释液瓶的胶塞，将连接器一端接入疫苗瓶；一手持疫苗瓶，另一手持稀释液瓶，同时对向倾斜45°，将连接器另一端接入稀释液瓶，颠倒5～6次以反复洗涤疫苗瓶。疫苗瓶在上、稀释液瓶在下垂直放置，使稀释好的疫苗液完全流入稀释液瓶中（图4-76）。

⑤从稀释液瓶上拆下疫苗瓶和连接器，在稀释液瓶上安装好滴头，疫苗配制完成（图4-77）。

⑥滴瓶滴口向上，用拇指、食指、中指捏住滴瓶中间，轻轻挤压瓶身，排出瓶内部分气体（图4-78A），倒立滴瓶同时松开挤压的瓶身，使滴口垂直向下，排气以疫苗液不自然滴出为准（图4-78B）。

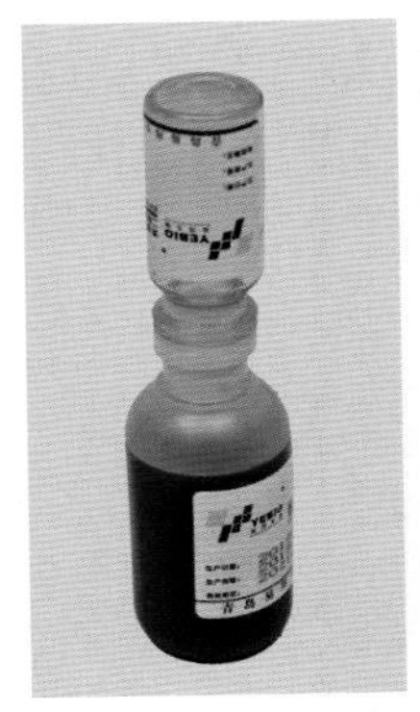

图4-76　疫苗液完全流入稀释液瓶

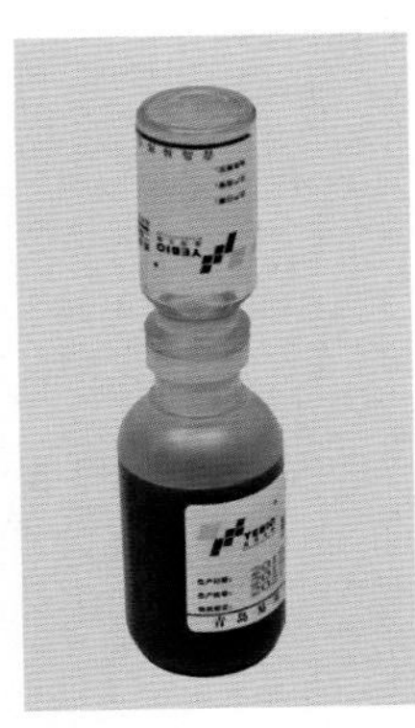

图4-77　疫苗配制完成

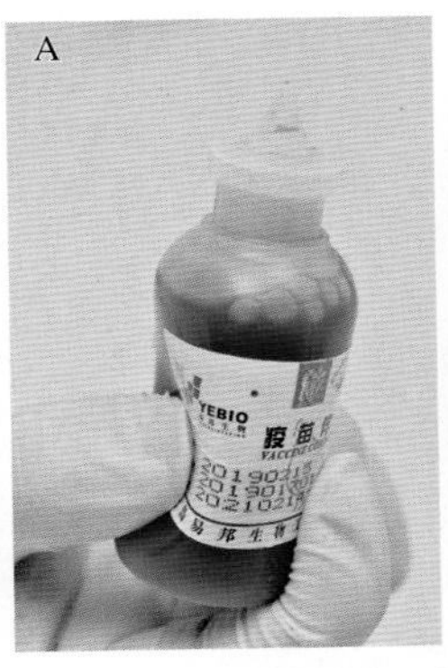

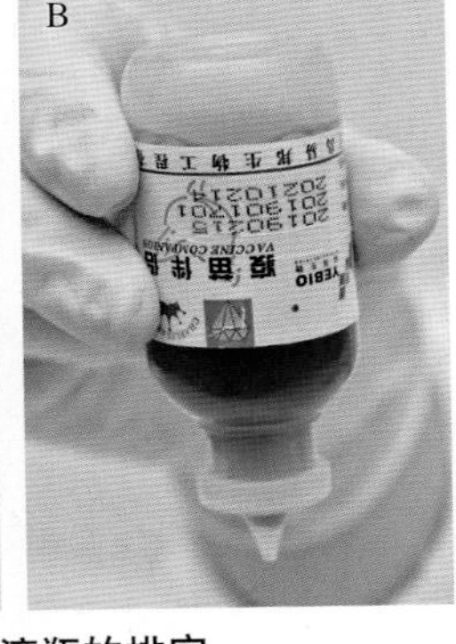

图4-78　滴瓶的排空
A.向上排出瓶内部分气体　B.疫苗液不自然滴出

⑦一手握住鸡头，用拇指和食指挤压鸡喙部两侧，使鸡嘴张开，并将鸡头上仰45°。

⑧自滴头距离鸡口1～2厘米处将1滴疫苗液垂直滴入鸡口中（图4-79），待鸡吞咽或停留3秒以上，把鸡放至指定位置，免疫完成。

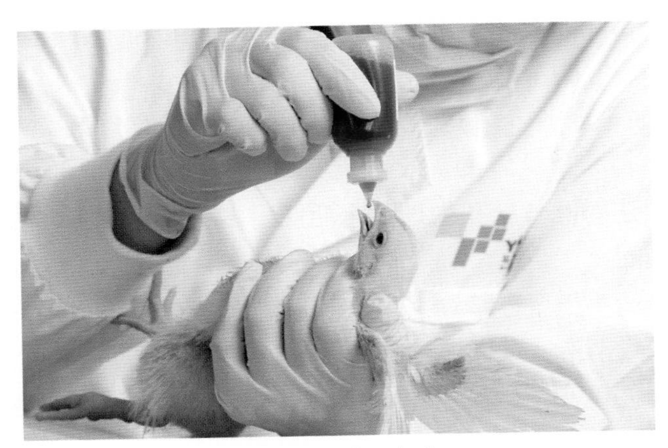

图4-79　滴口免疫

（3）连续注射器滴口免疫

①按照每瓶疫苗用量准备相应数量生理盐水。

②将注射器针头从生理盐水瓶胶塞的大圆圈刺入，抽取3～5毫升生理盐水。

③拉开疫苗瓶铝盖，将已抽取生理盐水的注射器针头刺入疫苗瓶胶塞中心，生理盐水自动吸入疫苗瓶内（图4-80）。

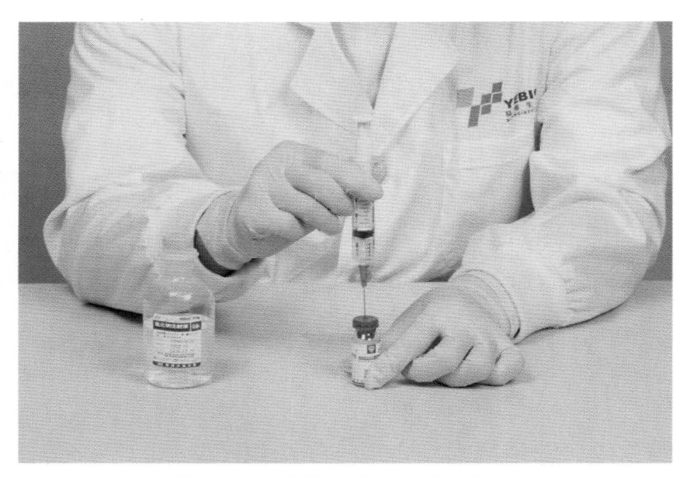

图4-80　生理盐水自动吸入疫苗瓶

④用拇指和食指捏住疫苗瓶上下两端，轻轻颠倒5～6次混匀，避免产生气泡。

⑤打开疫苗瓶胶塞，用注射器缓慢抽取瓶内疫苗液，再将疫苗液缓慢注入生理盐水瓶（图4-81）。

⑥继续抽取3～5毫升生理盐水，重复两次以反复洗涤疫苗瓶（图4-82）。

⑦将连续注射器长针从生理盐水瓶胶塞的大圆圈刺入至瓶底，再将换气针刺入小圆圈。

⑧连续推动手柄至连续注射器疫苗液排出。连续推动手柄10次，用量筒收集排出的疫苗液，读取量筒刻度以检查连续注射器准确性（图4-83）。

⑨一手握住鸡头，用拇指和食指挤压鸡喙部两侧，使鸡嘴张开，并将鸡头上仰45°。

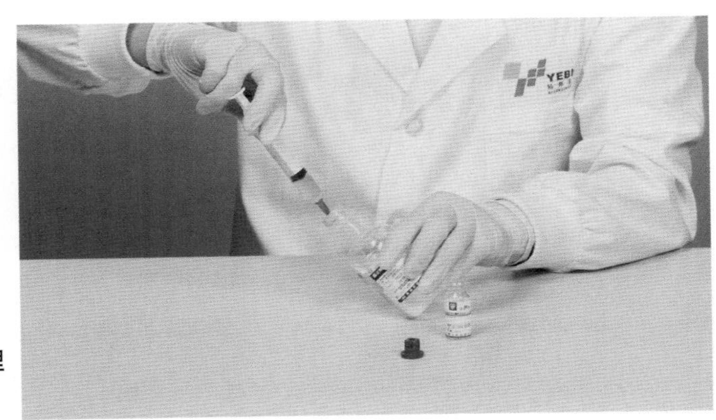

图4-81　将疫苗液注入生理盐水瓶

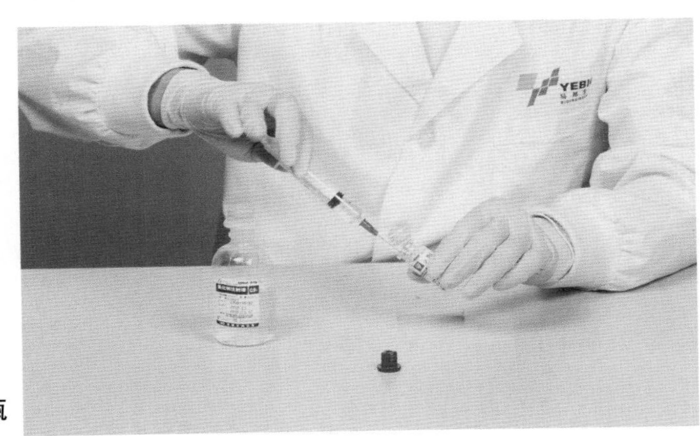

图4-82　反复洗涤疫苗瓶

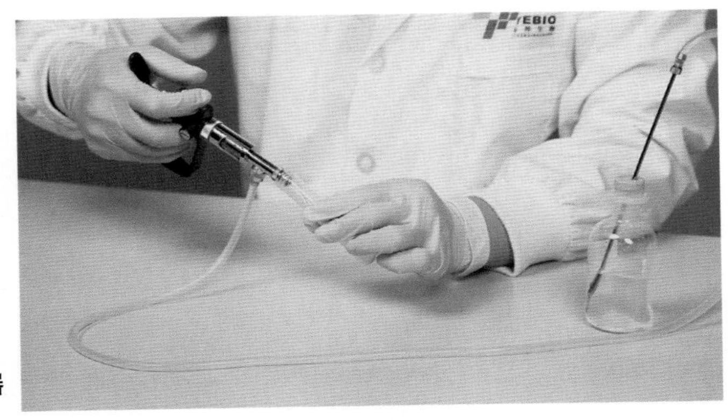

图4-83　检查连续注射器

⑩推动手柄，自连续注射器出液口距离鸡口1～2厘米处将1滴疫苗液垂直滴入鸡口中（图4-84），待鸡吞咽或停留3秒以上，把鸡放至指定位置，免疫完成。

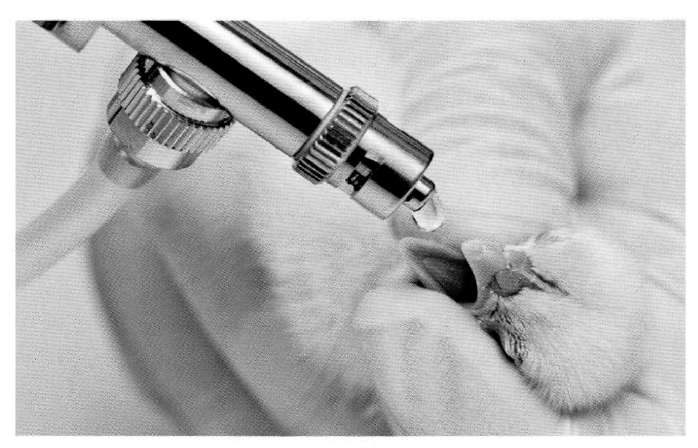

图4-84 滴口免疫

3. 注意事项

（1）疫苗稀释时间越短越好，一般不超过3分钟，同时要注意操作时避光、避风。

（2）疫苗应勤配少配，严格控制使用时间，一般不超过60分钟。

（3）暂未稀释的疫苗应放回冰箱或带有冰袋的保温箱中，防止接种过程中疫苗温度过高影响免疫效果。

（4）抓鸡时应轻拿轻放。

【清场】

1. 免疫完成后，免疫队将所有用具分类统一消毒处理，废弃疫苗瓶放入消毒桶（图4-85），针头放入损伤性废物容器内（图4-86）。

图4-85 消毒桶

图4-86 损伤性废物容器

2. 养殖场安排人员对配苗区和免疫区进行检查、整理、清扫，配苗区进行消毒。

【免疫评估】根据免疫接种质控点，评估滴口免疫接种过程和结果，可参考《滴口免疫接种质量评估表》（表4-11）。

表4-11　滴口免疫接种质量评估表

滴口免疫接种质量评估表				
鸡场名称：		免疫鸡舍：	免疫队长：	
免疫时间：		评估时间：	评估人：	
评估项目	序号	具体内容	评分标准	得分
免疫准备	1	入场（舍）着装及其他防护良好	4	
	2	入场（舍）按场区规定消毒	4	
	3	免疫用具准备齐全并消毒	6	
	4	检查核对疫苗种类、厂家、批次、有效期和物理性状	4	
	5	疫苗稀释前不能打开疫苗胶塞	4	
	6	3分钟内混匀稀释好疫苗	4	
	7	免疫用具剂量校准	4	
免疫操作	1	疫苗稀释后免疫不超60分钟	13	
	2	疫苗滴口时无洒漏、无污染	11	
	3	停留3秒或等待吞咽吸收	12	
	4	疫苗用量是否准确	12	
	5	鸡只保定动作轻柔，免疫后鸡只无死亡	12	
免疫结果	1	免疫用具和器皿回收、清点、消毒	6	
	2	填写《免疫信息实时记录表》	2	
	3	按场区规定离舍（场）	2	
总分			100	
总评				

注：得分对应：≥95为优秀，80～94为良好，60～79为一般，≤59为差。

【附录】见《免疫信息实时记录表》。

视频：滴口免疫接种

连续注射器滴口00′18″　滴瓶滴口02′13″

六、涂肛免疫接种SOP

【目的】规范免疫人员涂肛免疫操作，保证免疫过程的安全、准确、有效。

【适用范围】

1. 适用于育雏期、育成期的鸡。

2. 适用于鸡传染性喉气管炎活疫苗等活疫苗。

【责任者】免疫队、质量监督部相关人员。

【正文】

1. 物品清单 疫苗、稀释液、连接器、接种刷、接种杯、保温箱、冰袋、温度计、10毫升注射器、无粉乳胶手套、一次性使用医用口罩、垃圾桶、损伤性废物容器、消毒液等（图4-87）。

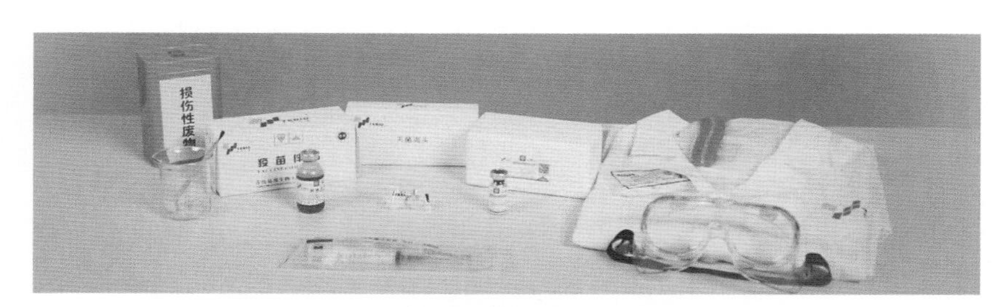

图4-87 涂肛免疫接种所需主要物品

2. 免疫操作

（1）疫苗领用及稀释

①按免疫用量计算本次免疫所需疫苗及稀释液数量，按需领用，检查核对疫苗种类、厂家、批次、有效期和物理性状等，填写《免疫信息实时记录表》。

②拉开稀释液瓶铝盖，将注射器针头从胶塞中心刺入，抽取3～5毫升稀释液（图4-88）。

③拉开疫苗瓶铝盖（图4-89），将已抽取稀释液的注射器针头轻轻刺入疫苗瓶胶塞中心，稀释液自动吸入疫苗瓶内（图4-90）。

④用拇指和食指捏住疫苗瓶上下两端，轻轻颠倒5～6次混匀，避免产生气泡（图4-91）。

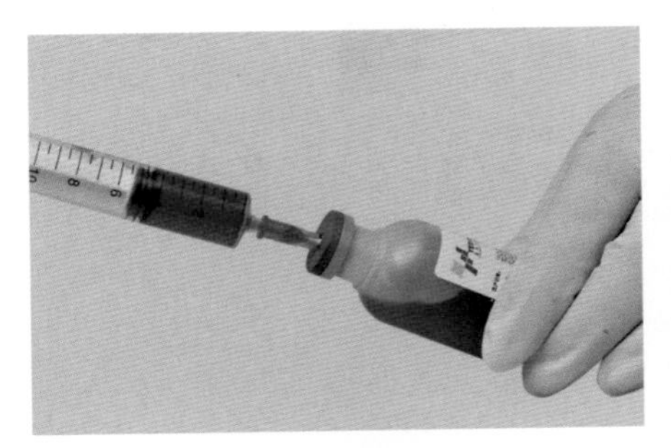

图4-88　抽取稀释液

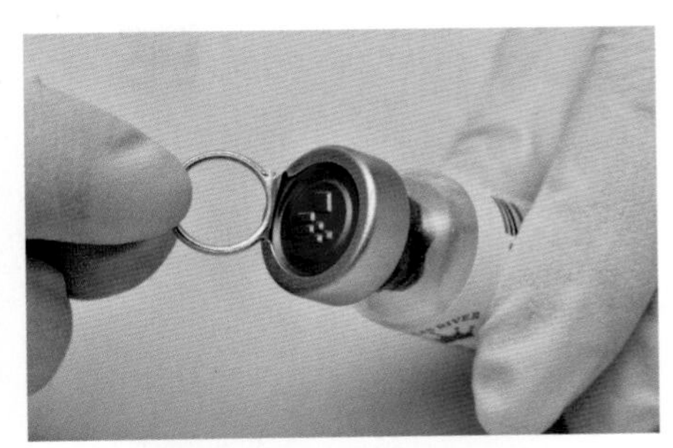

图4-89　拉开疫苗瓶铝盖

图4-90　稀释液自动吸入疫苗瓶

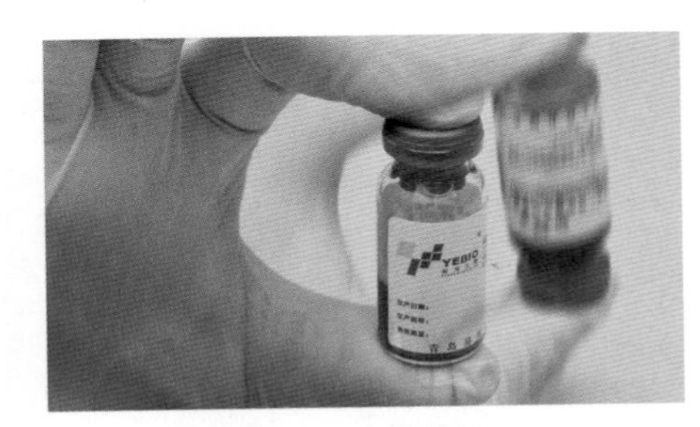

图4-91　颠倒混匀

⑤分别打开疫苗瓶和稀释液瓶的胶塞，将连接器一端接入疫苗瓶；一手持疫苗瓶，另一手持稀释液瓶，同时对向倾斜45°，将连接器另一端接入稀释液瓶，颠倒5～6次以反复洗涤疫苗瓶。

⑥疫苗瓶在上、稀释液瓶在下垂直放置，使稀释好的疫苗液完全流入稀释液瓶中（图4-92）。从稀释液瓶上拆下疫苗瓶和连接器，将配制好的疫苗液倒入准备好的容器中（图4-93），完成疫苗配制。

图4-92　疫苗液完全流入稀释液瓶

（2）免疫接种

①助手一手从鸡头向尾的方向抓住鸡的两翅根部，另一手握住鸡的尾部轻轻上提，将肛门部位递向免疫操作人员。

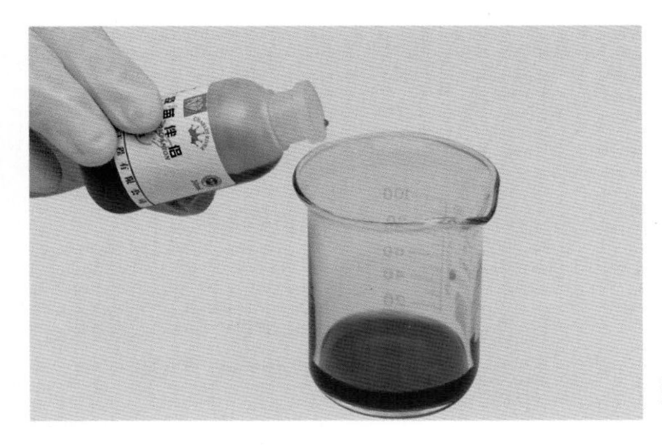

图4-93　将疫苗液倒入接种杯中

②用蘸好疫苗液的接种刷从肛门外部慢慢插入泄殖腔，深度为1～2厘米，顺时针旋转2圈（图4-94）再逆时针旋转2圈（图4-95）后拔出。

③把鸡放至指定位置，免疫完成。

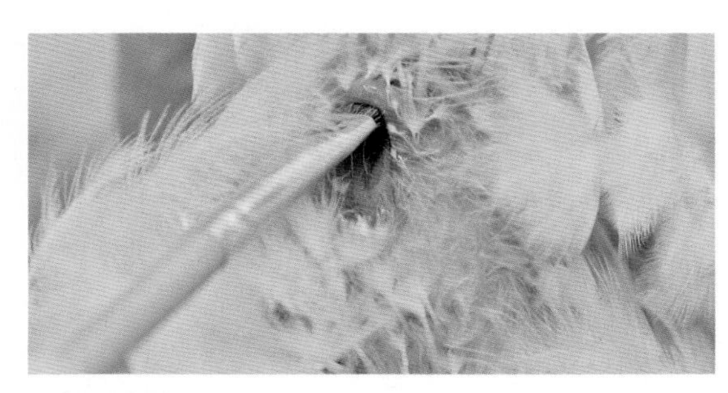

图4-94　顺时针转动2圈

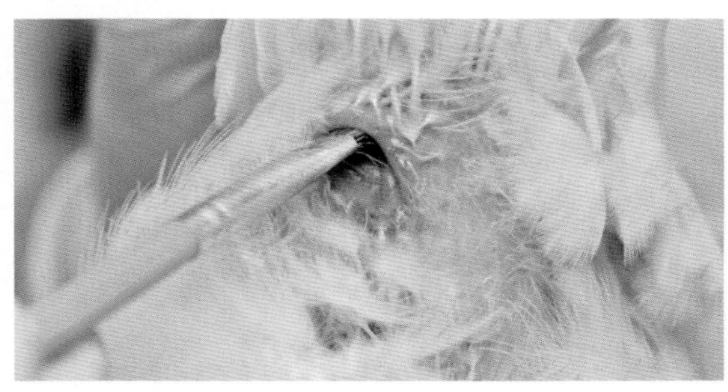

图4-95　逆时针转动2圈

3. 注意事项

（1）疫苗稀释时间越短越好，一般不超过3分钟，同时要注意操作时避光、避风。

（2）疫苗应勤配少配，严格控制使用时间，一般不超过60分钟。

(3) 暂未稀释的疫苗应放回冰箱或带有冰袋的保温箱中，防止接种过程中疫苗温度过高影响免疫效果。

(4) 应根据选择的接种刷大小，用生理盐水模拟操作，确定免疫用量。

(5) 抓鸡时应轻拿轻放。避免将疫苗液沾到皮肤、羽毛等部位或落到地面上，以免造成环境污染。

【清场】

1. 免疫完成后，免疫队将所有用具分类统一消毒处理，废弃疫苗瓶放入消毒桶（图4-96），针头放入损伤性废物容器内（图4-97）。

图4-96　消毒桶

图4-97　损伤性废物容器

2. 养殖场安排人员对配苗区和免疫区进行检查、整理、清扫，配苗区进行消毒。

【免疫评估】根据免疫接种质控点，评估涂肛免疫过程和结果，可参考《涂肛免疫接种质量评估表》（图4-98和表4-12）。

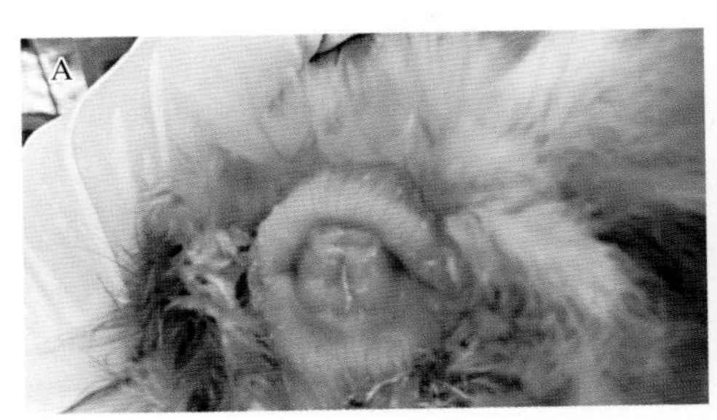

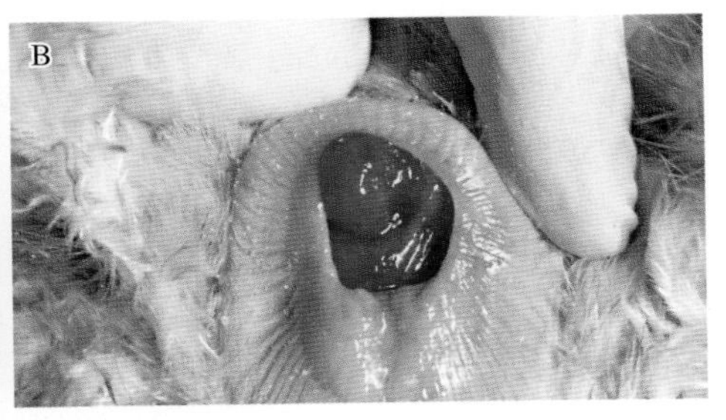

图4-98　泄殖腔黏膜潮红

A.阴性　B.阳性

表4-12　涂肛免疫接种质量评估表

涂肛免疫接种质量评估表				
鸡场名称：		免疫鸡舍：	免疫队长：	
免疫时间：		评估时间：	评估人：	
评估项目	序号	具体内容	评分标准	得分
免疫准备	1	入场（舍）着装及其他防护良好	5	
	2	入场（舍）按场区规定消毒	4	
	3	免疫用具准备齐全并消毒	7	
	4	检查核对疫苗种类、厂家、批次、有效期和物理性状	4	
	5	疫苗稀释前不能打开疫苗胶塞	5	
	6	3分钟内混匀稀释好疫苗	5	
免疫操作	1	疫苗稀释后，免疫不超60分钟	7	
	2	接种刷疫苗无洒落、污染	8	
	3	接种刷插入深度1～2厘米	9	
	4	顺时针逆时针各2圈	9	
	5	鸡只保定动作轻柔，免疫后鸡只无死亡	7	
	6	疫苗用量是否准确	9	
	7	免疫后3～5天检查泄殖腔黏膜潮红率85%以上	11	
免疫结果	1	免疫用具和器皿回收、清点、消毒	6	
	2	填写《免疫信息实时记录表》	2	
	3	按场区规定离舍（场）	2	
总分			100	
总评				

注：1.得分对应：≥95为优秀，80～94为良好，60～79为一般，≤59为差。
　　2.潮红率：5点取样随机抽取50只鸡，观察泄殖腔黏膜潮红数占比。

【附录】见《免疫信息实时记录表》。

视频：涂肛免疫接种

第三节　禽用活疫苗免疫后常见问题和解析

禽用活疫苗在实际应用中可能会出现一些异常现象，严重的会导致免疫失败。本节重点介绍活疫苗免疫后常见问题发生的原因和解决方案。

一、呼吸道异常

禽用呼吸道类活疫苗免疫后，若呼吸道反应严重或持续时间长，多与以下原因有关。

（一）原因分析

1. 疫苗选择与鸡的日龄不匹配，疫苗免疫剂量偏大。

2. 环境条件不达标，如灰尘浓度高、氨气等有害气体超标。

3. 免疫前鸡群有病毒或细菌的潜伏感染。

4. 喷雾免疫时，雾滴大小与免疫日龄不匹配。

5. 同时或间隔时间过短免疫多种呼吸道类活疫苗，将导致副反应过重。

6. 疫苗质量不合格。

（二）预防方案

1. 根据鸡的日龄选取适宜的疫苗，或遵从医嘱，不盲目地加大免疫剂量。

2. 喷雾免疫时选择优质喷雾设备和与日龄匹配的喷头。

3. 免疫鸡群应健康，环境应达标。

4. 禁止两种呼吸道类活疫苗同时或间隔时间过短使用。

5. 通过正规渠道选择优质厂家生产的疫苗进行免疫。

二、肿眼和流泪

禽用活疫苗免疫后，有时会出现肿眼、流泪的异常情况，多由以下原因引起（图4-99）。

图4-99 肿眼、流泪

（一）原因分析

1. 疫苗毒力偏强或免疫剂量过大，如鸡传染性喉气管炎活疫苗。

2. 免疫操作不规范导致细菌感染。

（二）预防方案

1. 选择合适的疫苗，禁止随意加大免疫剂量。

2. 规范免疫操作，可参考执行本章第二节《禽用活疫苗接种质量管理规范》。

三、无免疫反应

禽用活疫苗免疫后，会出现不同程度的免疫反应，如鸡痘活疫苗刺种免疫后5～7天出现结痂，鸡传染性喉气管炎活疫苗涂肛免疫后3～5天出现泄殖腔黏膜潮红等。若无免疫反应，则多由以下原因造成。

（一）原因分析

1. 疫苗效力降低或失效，多由于疫苗保存、运输不当，疫苗过期等原因造成。

2. 疫苗质量不合格。

3. 疫苗免疫方法不当。

（二）预防方案

1. 规范疫苗保存、运输等操作，效力低或失效的疫苗禁止使用，需重新采购。

2. 通过正规渠道选择优质厂家生产的疫苗进行免疫。

3. 规范免疫操作，参考各禽用活疫苗免疫接种SOP。

第四节 箱体式喷雾机免疫后常见问题和解析

箱体式喷雾机免疫后异常问题主要是由管线连通及密封性、喷头选择、人员操作、免疫大厅环境因素及疫苗选择等导致，规范箱体式喷雾机的保养、使用和人员操作规范可有效预防异常问题的发生。

一、喷头滴漏

（一）原因分析

1. 触发开关不灵敏，导致开始喷雾时压力小，使喷头明显滴漏。

2. 单个喷头出现不完全堵塞，导致免疫后压力释放而滴漏。

3. 因喷头垫片、弹簧等组件未组装完好，管线连接密封性差，压力小，导致滴漏。

4. 四个喷头型号不一致或不在一个水平面上，导致压力释放速度不一致而滴漏。

（二）解决方案

1. 检查并固定触发开关。

2. 检查并清理堵塞的喷头。

3. 检查喷头垫片、弹簧等组件的组装及管线连接密封情况，调整或更换使之正常工作。

4. 逐一检查四个喷头是否在一个水平面、剂量是否一致，及时调整或更换。

二、免疫后反应过重

（一）原因分析

1. 使用非SPF胚制作的疫苗，鸡群感染外源微生物导致反应过重。

2. 疫苗毒株毒力过强，导致免疫反应过重。

3. 疫苗选择与日龄不匹配，导致雏鸡免疫反应过重。

4. 免疫剂量大导致免疫后反应过重。

5. 喷头选择错误，雾滴太小，导致免疫反应过重。

6. 环境条件如温湿度、粉尘浓度等不达标。

（二）解决方案

1. 选择正规渠道优质厂家生产的活疫苗。

2. 选择适用于1日龄雏鸡喷雾免疫的疫苗。

3. 按照说明书或遵医嘱制定免疫剂量。

4. 依据疫苗选择正确的喷头，1日龄喷雾免疫建议选择175～200微米的喷头。

5. 免疫大厅、育雏舍环境温湿度适宜，空气质量良好。

三、喷雾覆盖不均匀

（一）原因分析

1. 气源压力不足，导致出液无力覆盖不均匀。

2. 限位杆或喷头安装偏移，致使雾滴喷洒在目标范围外。

3. 喷头质量差，导致雾化不均衡，覆盖不均匀。

4. 喷头堵塞，导致喷雾覆盖不均匀。

5. 四个喷头喷雾剂量不一致，导致覆盖不均匀。

（二）解决方案

1. 检查气源是否正常，连接管线、喷头组装密封性是否良好。

2. 调整限位杆、喷头至适宜位置。

3. 选择优质、雾化良好的喷头。

4. 检查并清理喷头。

5. 逐一检查四个喷头剂量，并调整更换。

四、干毛过快

（一）原因分析

1. 喷雾剂量设定低，致使雾滴在短时间内蒸发，干毛过快。

2. 免疫厅温度高、相对湿度低，致使雾滴在短时间内蒸发，干毛过快。

（二）解决方案

1. 喷雾剂量一般每盒鸡15毫升，或根据设备说明书设置。

2. 免疫厅设置温度25～28℃，相对湿度60%。

05 | 第五章

禽用灭活疫苗免疫接种质量管理规范

禽用灭活疫苗免疫接种质量管理规范

接种方法

- 连续注射器安装和保养SOP
- 禽用灭活疫苗预温和摇匀SOP
- 颈部皮下免疫接种SOP
- 腹股沟皮下免疫接种SOP
- 胸部浅层肌肉免疫接种SOP
- 翅根肌肉免疫接种SOP
- 腿部肌肉免疫接种SOP
- 禽用灭活疫苗免疫后常见问题和解析

第一节　禽用灭活疫苗免疫接种方法

禽用灭活疫苗常用免疫方法有颈部皮下注射、腹股沟皮下注射、胸部浅层肌内注射、翅根肌内注射和腿部肌内注射等。

灭活疫苗免疫接种均为个体免疫，相较于群体免疫，有剂量准确、确实的优点，但免疫劳动强度大。

第二节　禽用灭活疫苗接种质量管理规范

一、连续注射器安装和保养SOP

【目的】规范连续注射器安装和保养的操作，保证连续注射器的正常使用，延长使用寿命。

【适用范围】适用于连续注射器。

【责任者】免疫队。

【正文】

1.物品清单　连续注射器、针头、止血钳、生理盐水（500毫升/瓶）、不锈钢托盘、垃圾桶、75%酒精、无粉乳胶手套、损伤性废物容器等。

2.安装和调试

（1）把进液管一端固定在连续注射器进液接口，另一端固定在长针出液接口，检查连接是否牢固（图5-1）。

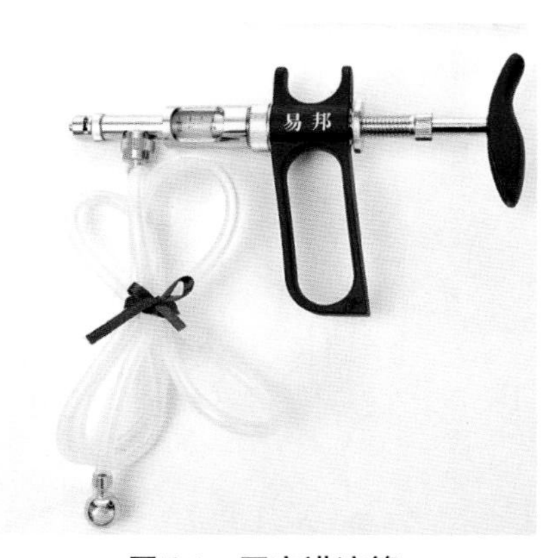

图5-1　固定进液管

（2）固定剂量连续注射器　根据注射剂量需求选取活塞安装。

（3）可调剂量连续注射器　松开固定螺丝，根据玻璃管刻度顺逆旋转连续注射器手柄调整剂量，待调至目标剂量后，拧紧固定螺丝。

(4) 将连续注射器长针从生理盐水瓶胶塞的大圆圈刺入并将长针针尖推至瓶底，在小圆圈刺入回气针头。

(5) 选取与免疫鸡群日龄匹配的针头，使用止血钳夹取针头固定在连续注射器出液口。0～14日龄常用0.7（22G）长1.5厘米的针头，俗称7号针头；14日龄以后常用0.9（20G）长1.5厘米的针头，俗称9号针头。常见针头型号规格见表5-1。可选择一次性针头，非一次性针头安装前应确保针尖平直、无卷钝。

表5-1　常见针头型号的规格（毫米）（引自GB/T 18457—2015）

针管标称外径（规格）	外径范围		针管内径		
	最小	最大	正常壁	薄壁	超薄壁
			最小	最小	最小
0.4（27G）	0.400	0.420	0.184	0.241	—
0.45（26G）	0.440	0.470	0.232	0.292	—
0.5（25G）	0.500	0.530	0.232	0.292	—
0.55（24G）	0.550	0.580	0.280	0.343	—
0.6（23G）	0.600	0.673	0.317	0.370	0.460
0.7（22G）	0.698	0.730	0.390	0.440	0.522
0.8（21G）	0.800	0.830	0.490	0.547	0.610
0.9（20G）	0.860	0.920	0.560	0.635	0.687
1.1（19G）	1.030	1.100	0.648	0.750	0.850
1.2（18G）	1.200	1.300	0.790	0.910	1.041
1.4（17G）	1.400	1.510	0.950	1.156	1.244
1.6（16G）	1.600	1.690	1.100	1.283	1.390
1.8（15G）	1.750	1.900	1.300	1.460	1.560
2.1（14G）	1.950	2.150	1.500	1.600	1.727
2.4（13G）	2.300	2.500	1.700	1.956	—
2.7（12G）	2.650	2.850	1.950	2.235	—
3（11G）	2.950	3.150	2.200	2.464	—
3.4（10G）	3.300	3.500	2.500	2.819	—

（6）连续推动手柄从针头排出生理盐水（图5-2）。

（7）连续推动手柄10次，用量筒收集连续注射器排出的生理盐水数量，读取量筒液面刻度以检查连续注射器准确性（图5-3）。

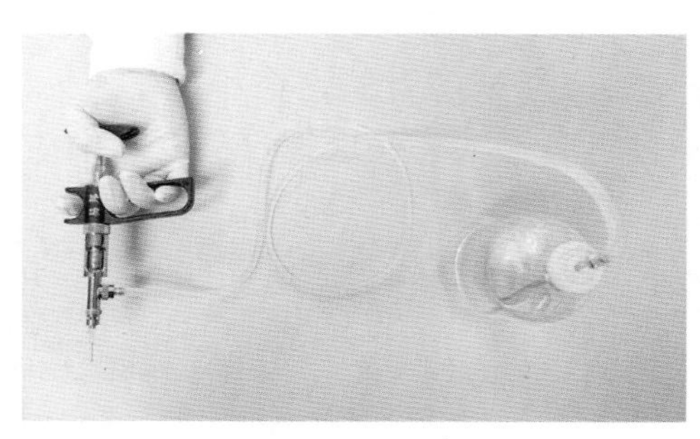

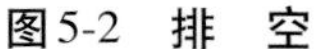

图5-2　排　空

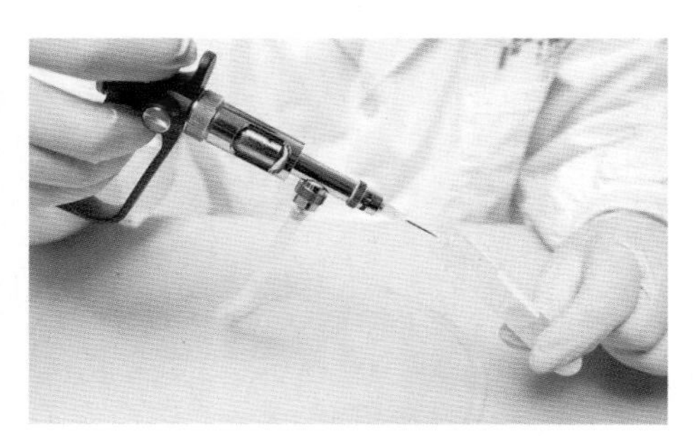

图5-3　定量排出的生理盐水

3. 清洗和消毒

（1）每次免疫接种后对连续注射器进行清洗和消毒。

（2）连续注射器使用完毕，排出注射器和进液管中残留疫苗，用60℃的温热水冲洗。拆除针头，拆下进液管及连续注射器所有部件，放入盛有75%酒精的容器中浸泡30分钟，再用蒸馏水冲洗干净。组装连续注射器，同时检查各部件（密封圈、弹簧等），如有破损应及时更换（图5-4）。

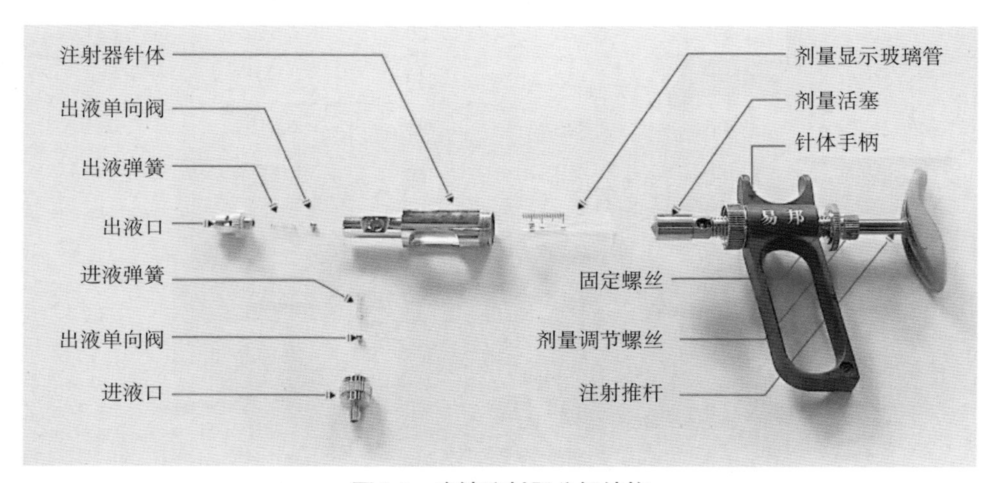

图5-4　连续注射器分解结构

（3）拆下进液管、针头连同连续注射器一并煮沸15～30分钟，晾干备用。

4. 常见设备问题检查和处理　见表5-2。

表5-2　常见设备问题检查和处理

问题	检查	处理
推针之后不回针或回针慢	进液弹簧不好	更换
进液管液面不动	连接管损坏	检查连接管或更换
	各处连接未拧紧	重新拧紧各处连接
	胶垫未添加	拆开检查并添加
	进液口单向阀装反	调整进液口单向阀
	出液口单向阀装反	调整出液口单向阀
显示玻璃管处漏液	玻璃管内损坏	更换玻璃管
	玻璃管内无胶垫或损坏	添加胶垫或更换
显示玻璃管活塞后有疫苗	活塞胶垫蒸煮或老化导致密封不严	更换胶垫

二、禽用灭活疫苗预温和摇匀SOP

【目的】规范疫苗预温和摇匀操作，保证禽用灭活疫苗在使用前到达到使用要求，提高免疫效果。

【适用范围】适用于禽用灭活疫苗。

【责任者】免疫队、质量监督部相关人员。

【正文】

1. 物品清单　灭活疫苗、水浴锅、温度计、抹布、保温箱等。

2. 预温

（1）水浴锅预温（适用于有水浴锅的养殖场）

①操作台上放置水浴锅，接通电源。

②放入纯净水，设定预温温度（35℃）并打开加热开关。

③待预温疫苗顺次放入水浴锅内（图5-5），加盖。

④预温时间不低于30分钟。

⑤按顺次取用预温好的疫苗，取用最后一瓶后关闭水浴锅开关，断电。

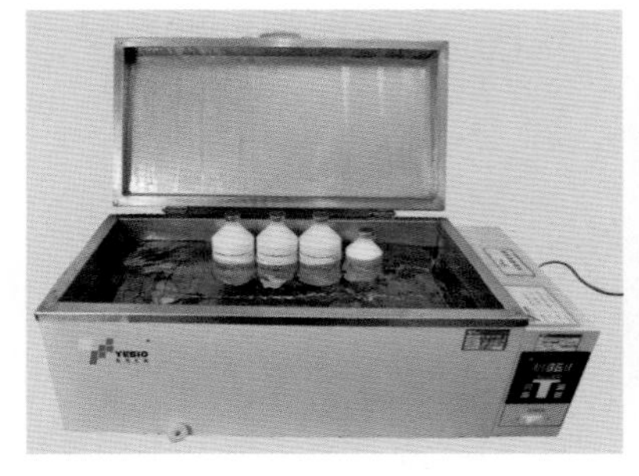

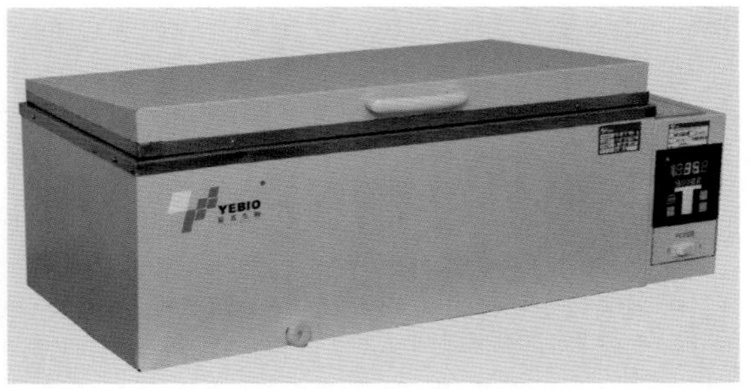

图5-5 水浴锅预温

⑥免疫后排空水浴锅内的水，擦拭表面，回收水浴锅，妥善保管。

（2）温水辅助预温（适用于没有水浴锅的养殖场）

①操作台上放置保温箱。

②取45℃水倒入保温箱中，并放置温度计（图5-6）。

图5-6 温水辅助预温

③待预温疫苗放入保温箱内，加盖。

④预温时间不小于30分钟。

⑤预温后排空水，回收保温箱和温度计等。

（3）自然预温（适用于育雏鸡舍） 在育雏鸡舍前段选取合适位置，拆除疫苗外包装，并均匀摆放、计数，时间不低于5小时（图5-7）。

3. 摇匀 预温好的疫苗使用前应充分摇匀，手持瓶身上下充分摇动30秒/瓶。完成预温和摇匀的灭活疫苗方可正常使用（图5-8）。

4. 注意事项

（1）水浴预温时防止水温过高，一般不高于45℃。水浴锅每年校准一次。

（2）自然预温应离地保存，远离火、热源。

（3）免疫过程中需定期摇匀。

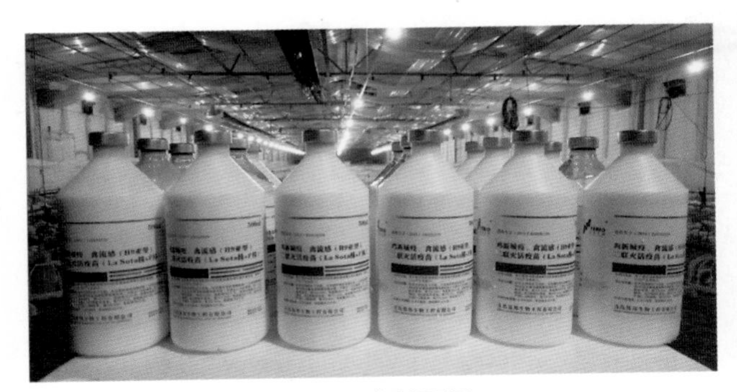

图5-7　自然预温

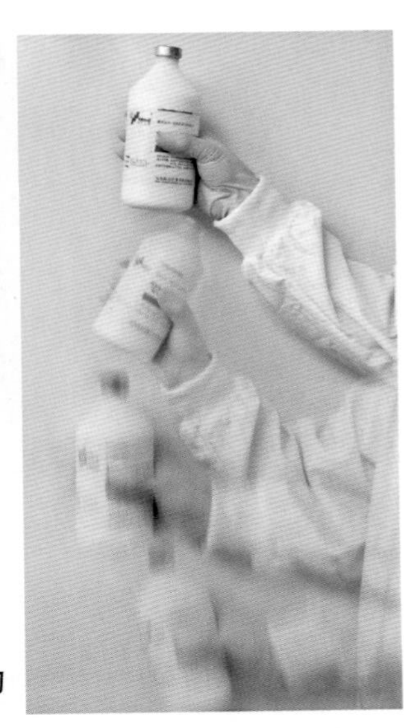

图5-8　摇　匀

三、颈部皮下免疫接种SOP

【目的】规范免疫人员颈部皮下免疫操作，保证免疫过程的安全、准确、有效。

【适用范围】

1. 适用于各日龄、各品种的家禽。

2. 适用于重组禽流感病毒（H5+H7）三价灭活疫苗、鸡传染性鼻炎灭活疫苗、重组新城疫病毒-禽流感病毒（H9亚型）二联灭活疫苗、鸡新城疫-传染性支气管炎-传染性法氏囊病-病毒性关节炎四联灭活疫苗等灭活疫苗。

【责任者】免疫队、质量监督部相关人员。

【正文】

1. 物品清单　疫苗、连续注射器、针头、止血钳、温度计、水浴锅、垃圾桶、损伤性废物容器等（图5-9）。

2. 免疫操作

（1）疫苗的领用、预温和摇匀

①按免疫用量计算本次免疫所需疫苗数量，按需领用，检查核对疫苗种类、厂家、批次、有效期和物理性状等，填写《免疫信息实时记录表》。

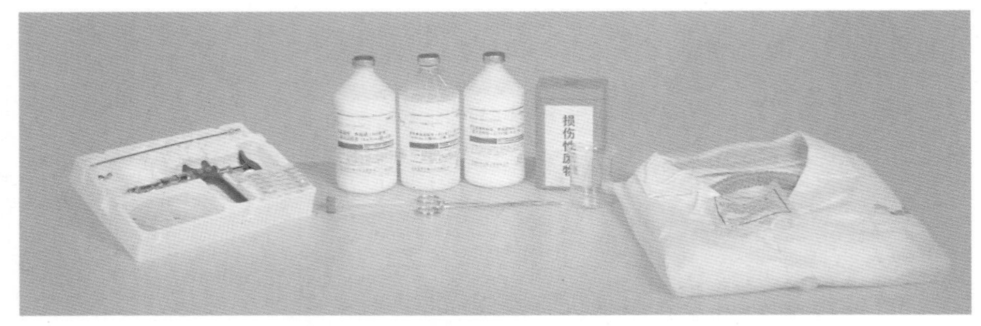

图5-9　颈部皮下免疫所需主要物品

②将灭活疫苗进行预温和摇匀，参考执行本章《禽用灭活疫苗预温和摇匀SOP》。

（2）排空及校准

①将疫苗瓶正立，打开疫苗瓶压盖。将连续注射器长针从疫苗瓶胶塞的大圆圈刺入，将长针针尖推至瓶底，在小圆圈刺入回气针。

②将针头安装至连续注射器针头接口。

③排空连续注射器内的气体（图5-10），再次校准注射剂量。连续推动手柄10次，用量筒收集连续注射器排出的疫苗液（图5-11），读取量筒液面刻度以检查连续注射器准确性，若有异常需再次调整注射器剂量至准确。

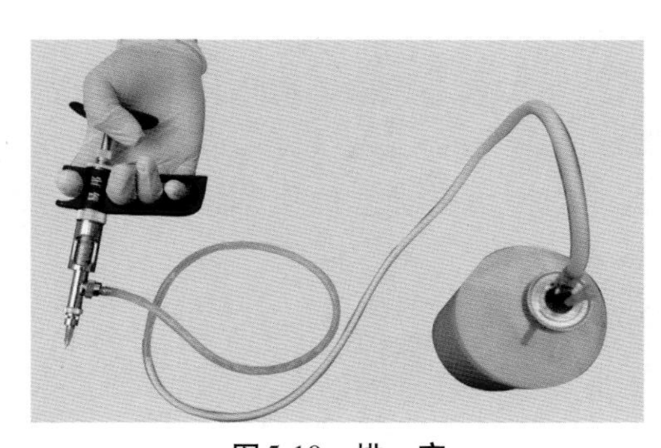

图5-10　排　空

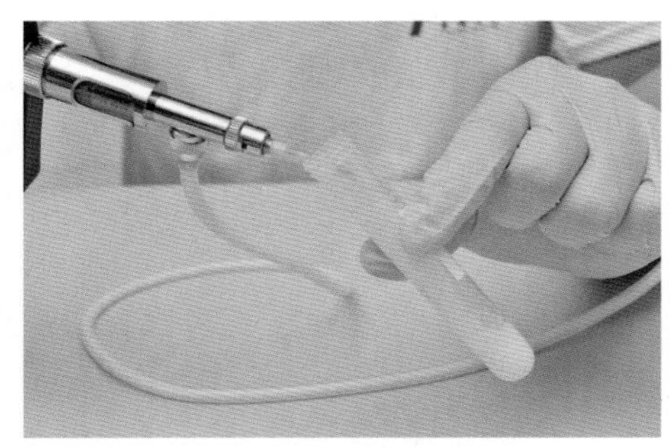

图5-11　定量疫苗

（3）免疫接种

①单人免疫操作（适用于小日龄或体型较小的家禽，以鸡为例）

1）免疫操作人员一手从鸡后背抓鸡，虎口朝向鸡头方向。用食指和拇指轻捏鸡颈背部下1/3处皮肤，使捏起的皮肤与鸡颈背部形成“立体三角区”，高度0.5～1厘米，其他三指自然弯曲固定住鸡的一侧翅膀以及腿部，大拇指指根按压住另一侧翅膀。

2）一手持注射器，将针头平行于颈椎骨往背部方向刺入“立体三角区”。

3）推动连续注射器手柄，注入疫苗（图5-12）。

4）拔出注射器后回针，检查注射情况（图5-13）。

5）把鸡放至指定位置，免疫完成。

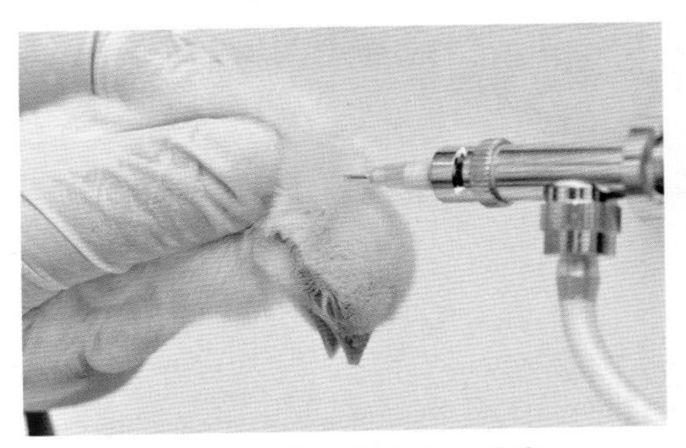

图5-12　单人颈部皮下免疫

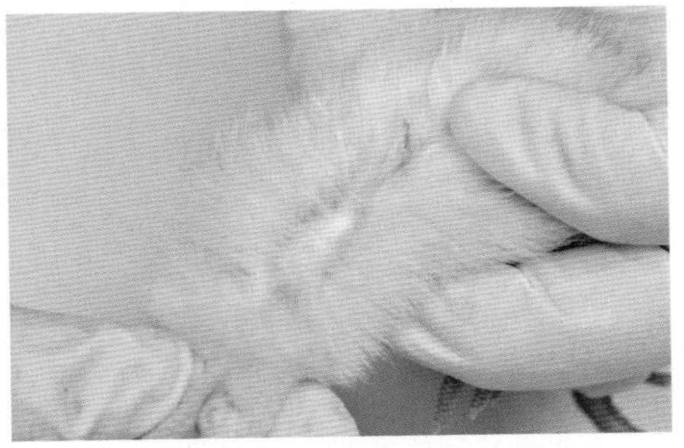

图5-13　颈部皮下免疫检查

②两人免疫操作（适用于大日龄或体型较大的家禽，以鸡为例）

1）助手一手握住鸡两腿，另一手握住鸡两侧翅根。

2）免疫操作人员用拇指和食指捏住鸡颈背部下1/3处皮肤，使之与鸡颈背部形成“立体三角区”，高度1.5～2厘米。

3）余下的操作参考本节单人免疫操作步骤2）至步骤5）（图5-14至图5-16）。

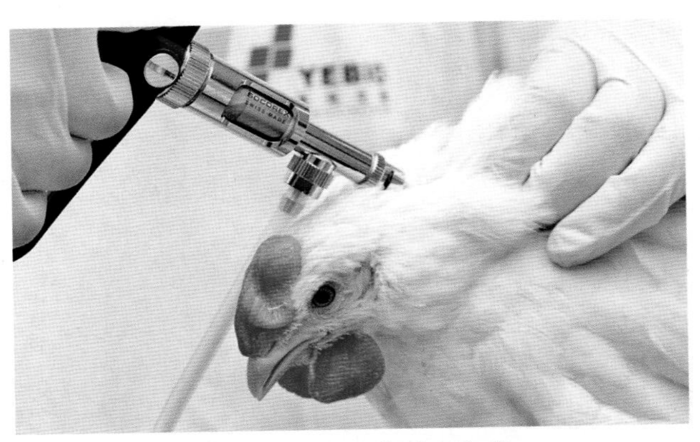

图5-14　双人颈部皮下免疫

图5-15　颈部皮下免疫检查

图5-16　颈部皮下免疫剖展示（立体三角区）

3.注意事项

（1）接种前疫苗需按要求进行预温和摇匀。

（2）接种前需对连续注射器进行剂量校准。

（3）注射部位准确，防止注射部位离鸡头过近或注射过深。注射操作手法轻柔，避免刺穿或拔针过快。

（4）注射过程中，应注意疫苗每30分钟摇匀一次，每500只更换一次针头，免疫过程中定时校对剂量等。

（5）注意人身安全，如免疫人员出现误注射应及时挤出，清洗疫苗残留并立即就医。

【清场】免疫完成后，免疫队将所有用具分类统一消毒处理，针头放入损伤性废物容器内。

【免疫评估】根据免疫接种质控点，评估颈部皮下免疫过程和结果，可参考《禽用灭活疫苗免疫接种质量评估表》（表5-3）。

表5-3　禽用灭活疫苗免疫接种质量评估表

离用灭活疫苗免疫接种质量评估表				
鸡场名称：		免疫鸡舍：	免疫队长：	
免疫时间：		评估时间：	评估人：	
评估项目	序号	具体内容	评分标准	得分
免疫准备	1	入场（舍）着装及其他防护良好	5	
	2	入场（舍）按场区规定消毒	5	
	3	免疫用具准备齐全并消毒	7	
	4	连续注射器校准	9	
	5	核对疫苗种类、批次、有效期和物理性状等信息	5	
	6	预温和摇匀达标	9	
免疫操作	1	免疫部位准确，无漏免	12	
	2	免疫过程中每30分钟摇匀一次	9	
	3	每500只鸡更换一个针头	6	
	4	定时校对免疫剂量	8	
	5	保定手法规范，轻拿轻放	10	
	6	疫苗用量是否准确	9	
免疫结果	1	免疫用具和器皿回收、清点、消毒	3	
	2	填写《免疫信息实时记录表》	1	
	3	按场区规定离舍（场）	1	
总分			100	
总评				

注：得分对应：≥95为优秀，80～94为良好，60～79为一般，≤59为差。

【附录】见《免疫信息实时记录表》。

视频：颈部皮下免疫接种

单人免疫00′16″　双人免疫01′03″　分解演示01′45″

四、腹股沟皮下免疫接种SOP

【目的】规范免疫人员腹股沟皮下免疫操作，保证免疫过程的安全、准确、有效。

【适用范围】

1. 适用于较大日龄、各品种的鸡。

2. 适用于重组禽流感病毒（H5+H7）三价灭活疫苗、鸡毒支原体灭活疫苗、重组新城疫病毒-禽流感病毒（H9亚型）二联灭活疫苗、鸡新城疫-传染性支气管炎-传染性法氏囊病-病毒性关节炎四联灭活疫苗等灭活疫苗。

【责任者】免疫队、质量监督部相关人员。

【正文】

1.物品清单 疫苗、连续注射器、针头、止血钳、水浴锅、垃圾桶、损伤性废物容器等（图5-17）。

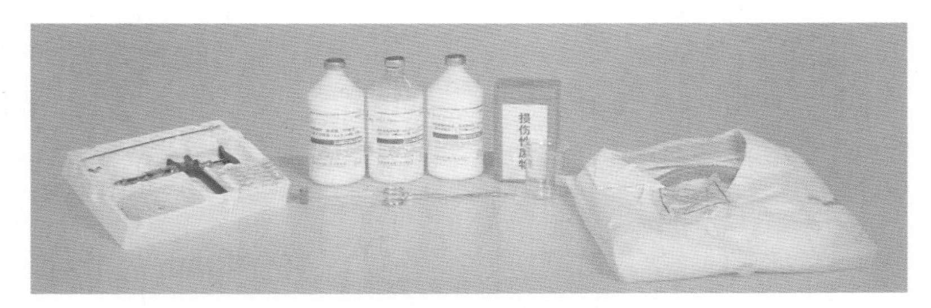

图5-17 腹股沟皮下免疫所需主要物品

2.免疫操作

（1）疫苗的领用、预温和摇匀

①按免疫用量计算本次免疫所需疫苗数量，按需领用，检查核对疫苗种类、厂家、批次、有效期和物理性状等，填写《免疫信息实时记录表》。

②将灭活疫苗进行预温和摇匀，参考执行本章《禽用灭活疫苗预温和摇匀SOP》。

（2）排空及校准

①将疫苗瓶正立，打开疫苗瓶压盖。将连续注射器长针从疫苗瓶胶塞的大圆圈刺入，将长针针尖推至瓶底，在小圆圈刺入回气针。

②将针头安装至连续注射器针头接口。

③排空连续注射器内的气体（图5-18），再次校对注射剂量。连续推动连手柄10次，用量筒收集连续注射器排出的疫苗液（图5-19），读取量筒液面刻度以检查连续注射器准确性，若有异常需再次调整注射器剂量至准确。

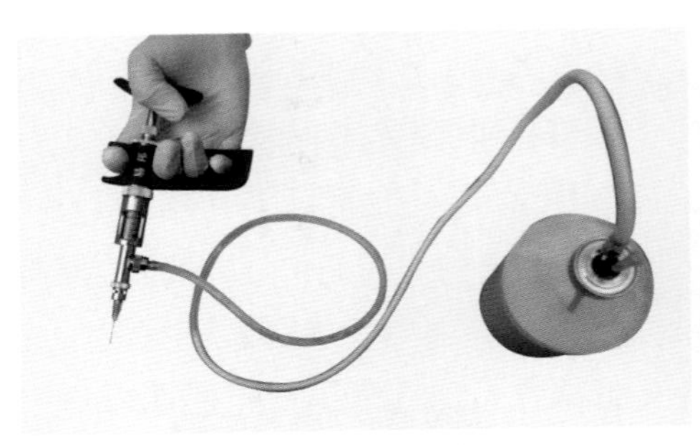

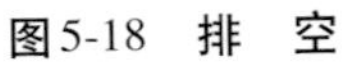

图5-18　排　空

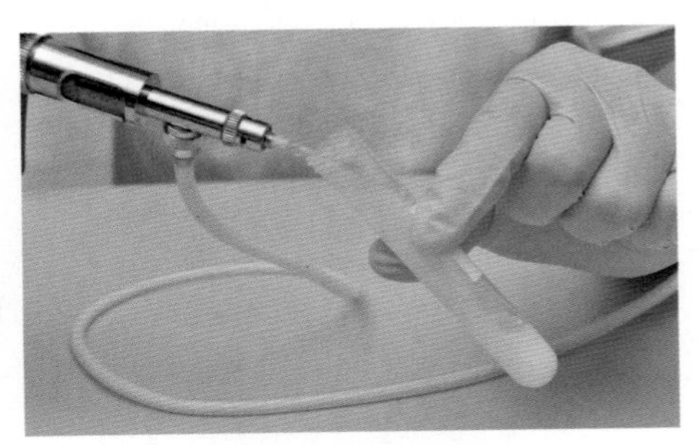

图5-19　定量疫苗

（3）免疫操作

①助手一手握鸡两侧翅根，一手托住鸡身尾部，使尾部朝向免疫操作人员。

②免疫操作人员一手握住一侧鸡腿，露出腹股沟，大拇指和食指提拉该侧腹股沟皮肤，形成“立体三角区”（图5-20）。

③另一手持注射器刺入“立体三角区”形成的空腔内，推动连续注射器，注入疫苗，拔出注射器后回针（图5-21）。

④检查后（图5-22、图5-23），助手把鸡放至指定位置，免疫完成。

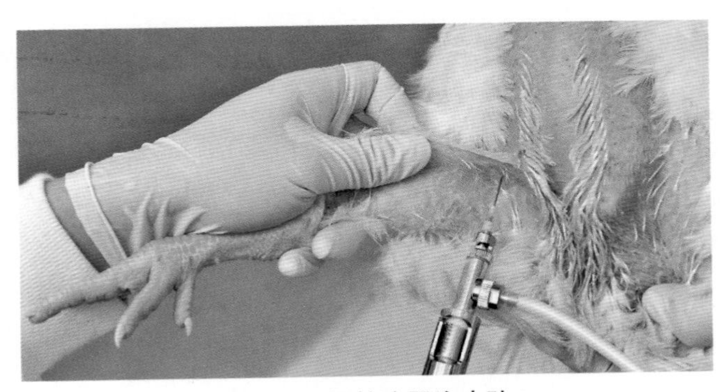

图5-20　提拉腹股沟皮肤

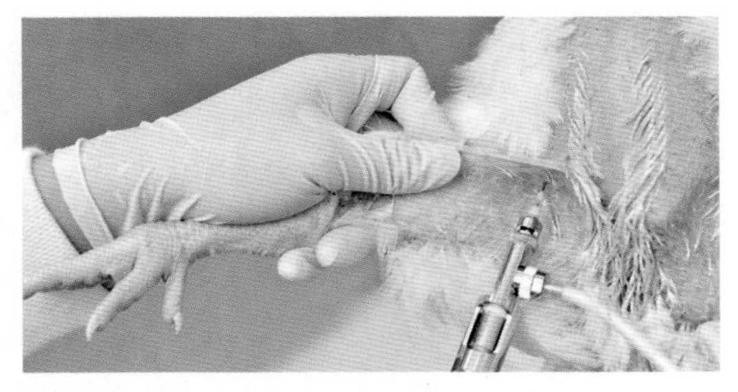

图5-21　注入疫苗

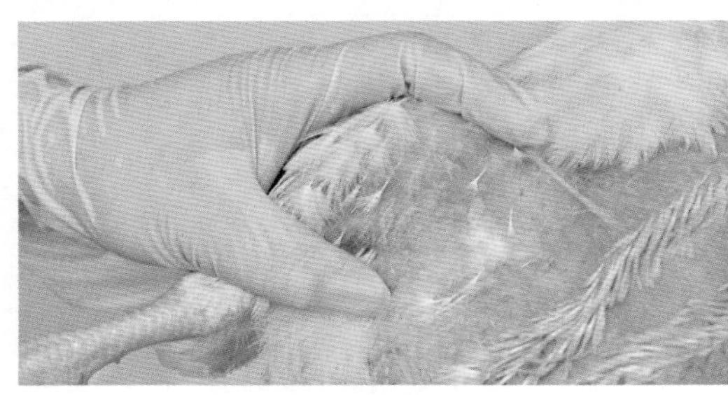

图5-22　腹股沟皮下免疫检查

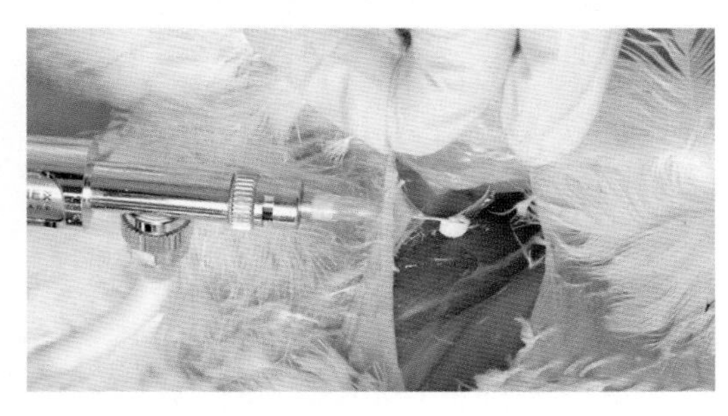

图5-23　腹股沟皮下免疫剖面展示

3. 注意事项

（1）接种前疫苗需按要求进行预温和摇匀。

（2）接种前需对连续注射器进行剂量校准。

（3）注射部位准确，防止注入腹腔。注射操作手法轻柔，避免刺穿或拔针过快。

（4）注射过程中，应注意疫苗每30分钟摇匀一次，每500只更换一次针头，免疫过程中定时校对剂量等。

（5）注意人身安全，如免疫人员出现误注射应及时挤出，清洗疫苗残留并立即就医。

【清场】免疫完成后，免疫队将所有用具分类统一消毒处理，针头放入损伤性废物容器内。

【免疫评估】根据免疫接种质控点，评估腹股沟皮下免疫过程和结果，可参考《禽用灭活疫苗免疫接种质量评估表》（表5-4）。

表5-4　禽用灭活疫苗免疫接种质量评估表

禽用灭活疫苗免疫接种质量评估表				
鸡场名称：		免疫鸡舍：	免疫队长：	
免疫时间：		评估时间：	评估人：	
评估项目	序号	具体内容	评分标准	得分
免疫准备	1	入场（舍）着装及其他防护良好	5	
	2	入场（舍）按场区规定消毒	5	
	3	免疫用具准备齐全并消毒	7	
	4	连续注射器校准	9	
	5	核对疫苗种类、批次、有效期和物理性状等信息	5	
	6	预温和摇匀达标	9	
免疫操作	1	免疫部位准确，无漏免	12	
	2	免疫过程中每30分钟摇匀一次	9	
	3	每500只鸡更换一个针头	6	
	4	定时校对免疫剂量	8	
	5	保定手法规范，轻拿轻放	10	
	6	疫苗用量是否准确	9	
免疫结果	1	免疫用具和器皿回收、清点、消毒	3	
	2	填写《免疫信息实时记录表》	2	
	3	按场区规定离舍（场）	1	
总分			100	
总评				

注：得分对应：≥95为优秀，80～94为良好，60～79为一般，≤59为差。

【附录】见《免疫信息实时记录表》。

视频：腹股沟皮下免疫接种

免疫操作00′12″ 分解演示00′56″

五、胸部浅层肌肉免疫接种SOP

【目的】规范免疫人员胸部浅层肌肉免疫操作，保证免疫过程的安全、准确、有效。

【适用范围】

1. 适用于较大日龄、各品种的家禽。

2. 适用于重组禽流感病毒（H5+H7）三价灭活疫苗、重组新城疫病毒-禽流感病毒（H9亚型）二联灭活疫苗、鸡新城疫-传染性支气管炎-传染性法氏囊病-病毒性关节炎四联灭活疫苗等灭活疫苗。

【责任者】免疫队、质量监督部相关人员。

【正文】

1. 物品清单 疫苗、连续注射器、针头、止血钳、水浴锅、垃圾桶、损伤性废物容器等（图5-24）。

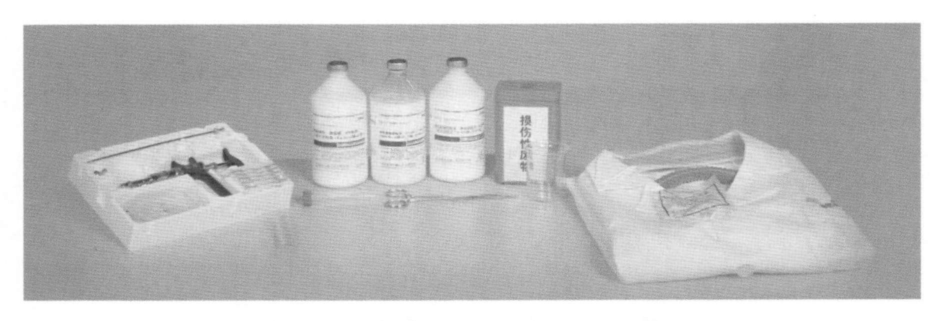

图5-24 胸部浅层肌肉免疫所需主要物品

2. 免疫操作

（1）疫苗的领用、预温和摇匀

①按免疫用量计算本次免疫所需疫苗数量，按需领用，检查核对疫苗种类、厂家、批次、有效期和物理性状等，填写《免疫信息实时记录表》。

②将灭活疫苗进行预温和摇匀，参考执行本章《禽用灭活疫苗预温和摇匀SOP》。

（2）排空及校准

①将疫苗瓶正立，打开疫苗瓶压盖。将连续注射器长针从疫苗瓶胶塞的大圆圈刺入，将长针针尖推至瓶底，在小圆圈刺入回气针。

②将针头安装至连续注射器针头接口。

③排空连续注射器内的气体（图5-25），再次校对注射剂量。连续推动手柄10次，用量筒收集连续注射器排出的疫苗液（图5-26），读取量筒液面刻度以检查连续注射器准确性，若有异常需再次调整注射器剂量至准确。

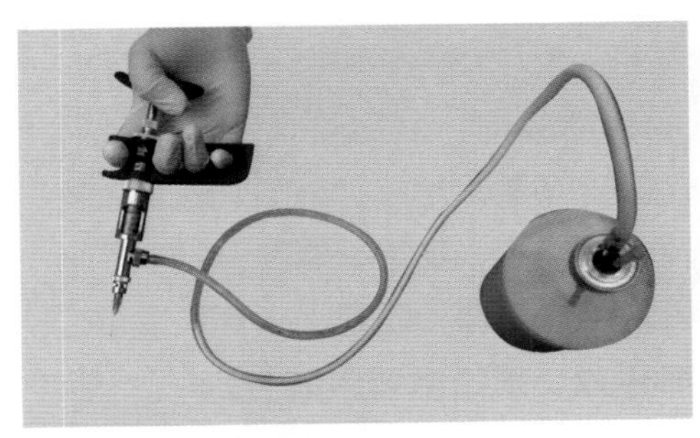

图5-25　排　空

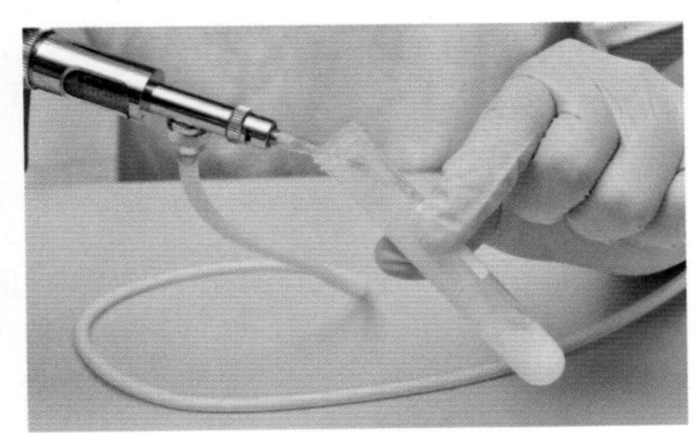

图5-26　定量疫苗

（3）免疫接种

①单人免疫接种

1）免疫操作人员一手抓鸡两侧翅根，翻转鸡的身体，使腹部朝上，头部朝向自己。

2）一手持注射器，针头朝尾部方向，在龙骨一侧肌肉丰满处，与该侧胸肌成15°～30°进针，深度1～1.5厘米，推动注射器手柄，注入疫苗，拔出注射器后回针（图5-27、图5-28）。

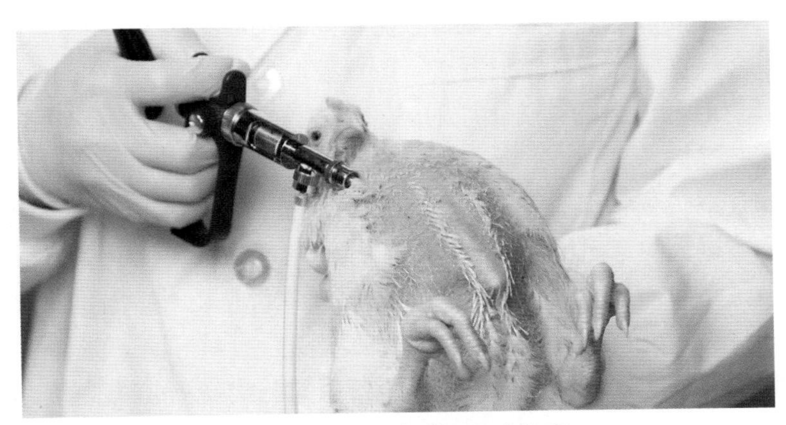

图5-27　单人胸部浅层肌肉免疫

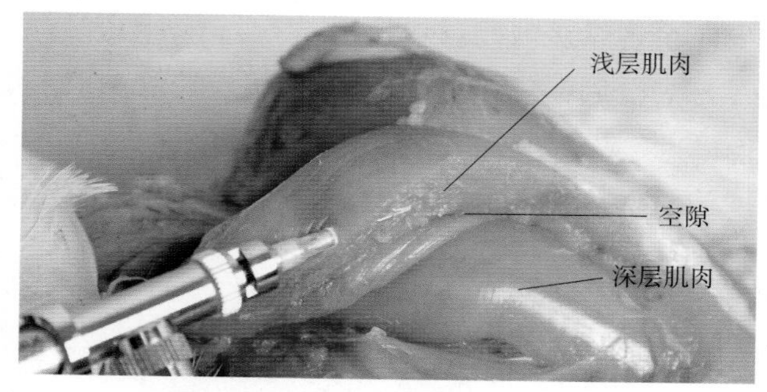

图5-28　胸部浅层肌肉免疫剖面展示

3）把鸡放至指定位置，免疫完成。

②两人免疫操作

1）助手一手握鸡两侧翅根，一手握住两腿，使头部朝向免疫操作人员。

2）免疫操作人员手持注射器，针头朝尾部方向，在龙骨一侧肌肉丰满处，与该侧胸肌成15°～30°进针，注射深度1～1.5厘米，推动注射器手柄，注入疫苗，拔出注射器后回针（图5-29）。

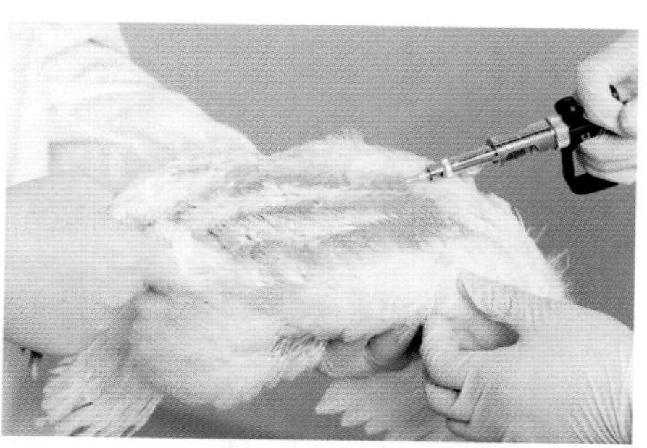

图5-29　两人胸部浅层肌肉免疫

3）助手把鸡放至指定位置，免疫完成。

3.注意事项

（1）接种前疫苗需按要求进行预温和摇匀。

（2）接种前需对连续注射器进行剂量校准。

（3）注射部位准确，防止注射过深、过浅。注射操作手法轻柔，避免刺穿或拔针过快。

（4）注射过程中，应注意疫苗每30分钟摇匀一次，每500只更换一次针头，免疫过程中定时校对剂量等。

（5）注意人身安全，如免疫人员出现误注射应及时挤出，清洗疫苗残留并立即就医。

【清场】免疫完成后，免疫队将所有用具分类统一消毒处理，针头放入损伤性废物容器内。

【免疫评估】根据免疫接种质控点，评估胸部浅层肌肉免疫过程和结果，可参考《禽用灭活疫苗免疫接种质量评估表》（表5-5）。

表5-5　禽用灭活疫苗免疫接种质量评估表

禽用灭活疫苗免疫接种质量评估表				
鸡场名称：		免疫鸡舍：	免疫队长：	
免疫时间：		评估时间：	评估人：	
评估项目	序号	具体内容	评分标准	得分
免疫准备	1	入场（舍）着装及其他防护良好	5	
	2	入场（舍）按场区规定消毒	5	
	3	免疫用具准备齐全并消毒	7	
	4	连续注射器校准	9	
	5	核对疫苗种类、批次、有效期和物理性状等信息	5	
	6	预温和摇匀达标	9	
免疫操作	1	免疫部位准确，无漏免	12	
	2	免疫过程中每30分钟摇匀一次	9	
	3	每500只鸡更换一个针头	6	
	4	定时校对免疫剂量	8	
	5	保定手法规范，轻拿轻放	10	
	6	疫苗用量是否准确	9	
免疫结果	1	免疫用具和器皿回收、清点、消毒	3	
	2	填写《免疫信息实时记录表》	2	
	3	按场区规定离舍（场）	1	
总分			100	
总评				

注：得分对应：≥95为优秀，80～94为良好，60～79为一般，≤59为差。

【附录】见《免疫信息实时记录表》。

视频：胸部浅层肌肉免疫接种

单人免疫00′ 17″　双人免疫00′ 55″　分解演示01′ 33″

六、翅根肌肉免疫接种SOP

【目的】规范免疫人员翅根肌肉免疫操作，保证免疫过程的安全、准确、有效。

【适用范围】

1. 适用于较大日龄、各品种的鸡。

2. 适用于重组禽流感病毒（H5+H7）三价灭活疫苗、重组新城疫病毒-禽流感病毒（H9亚型）二联灭活疫苗、鸡新城疫-传染性支气管炎-传染性法氏囊病-病毒性关节炎四联灭活疫苗等灭活疫苗。

【责任者】免疫队、质量监督部相关人员。

【正文】

1. 物品清单 疫苗、连续注射器、针头、止血钳、水浴锅、垃圾桶、损伤性废物容器等（图5-30）。

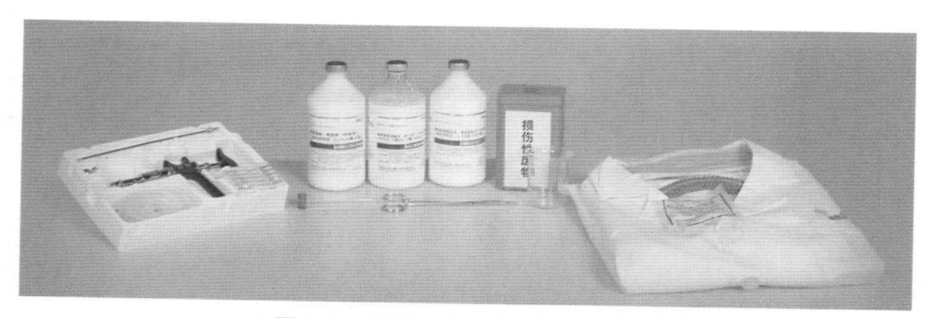

图5-30 翅根肌肉免疫所需主要物品

2. 免疫操作

（1）疫苗的领用、预温和摇匀

①按免疫用量计算本次免疫所需疫苗数量，按需领用，检查核对疫苗种类、厂家、批次、有效期和物理性状等，填写《免疫信息实时记录表》。

②将灭活疫苗进行预温和摇匀，参考执行本章《禽用灭活疫苗预温和摇匀SOP》。

（2）排空及校准

①将疫苗瓶正立，打开疫苗瓶压盖。将连续注射器长针从疫苗瓶胶塞的大圆圈刺入，将长针针尖推至瓶底，在小圆圈刺入回气针。

②将针头安装至连续注射器针头接口。

③排空连续注射器内的气体（图5-31），再次校对注射剂量。连续推动手柄10次，用量筒收集连续注射器排出的疫苗液（图5-32），读取量筒液面刻度以检查连续注射器准确性，若有异常需再次调整注射器剂量至准确。

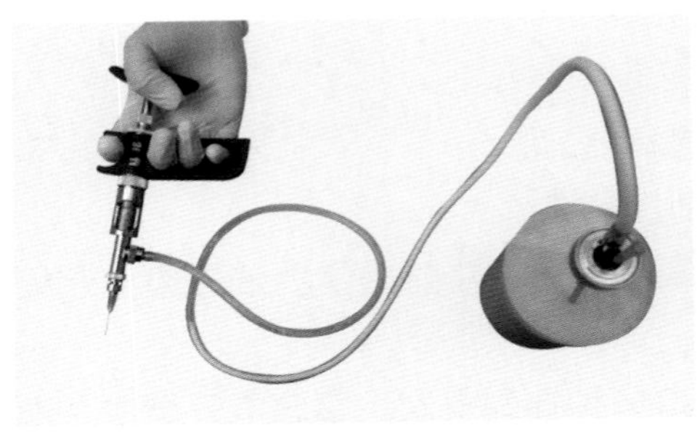

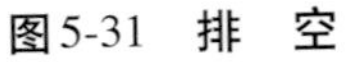

图5-31　排　空

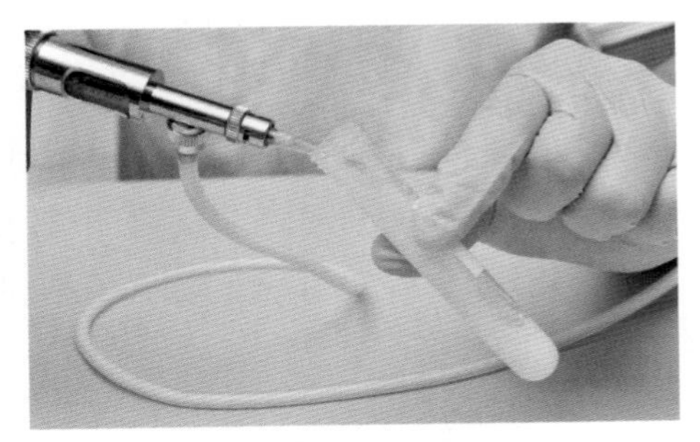

图5-32　定量疫苗

（3）免疫接种

①单人免疫操作

1）免疫操作人员一手抓鸡两侧翅根，保持鸡身呈直立状态。

2）一手持注射器，靠翅根肌肉丰满处进针，深度1厘米，推动注射器手柄，注入疫苗，拔出注射器后回针（图5-33）。

3）把鸡放至指定位置，免疫完成。

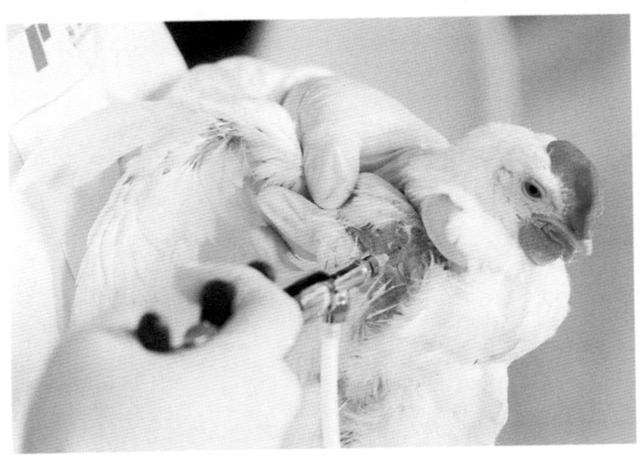

图5-33　翅根肌肉免疫

②两人免疫操作

1）助手一手握鸡两侧翅根，一手握住两腿，保持鸡身呈直立状态，使一侧翅根肌肉朝向免疫操作人员。

2）免疫操作人员手持注射器，靠翅根肌肉丰满处进针，深度1厘米，推动注射器手柄，注入疫苗，拔出注射器后回针。

3）助手把鸡放至指定位置，免疫完成。

3.注意事项

（1）接种前疫苗需按要求进行预温和摇匀。

（2）接种前需对连续注射器进行剂量校准。

（3）注射部位准确，防止注射过深、过浅。注射操作手法轻柔，避免刺穿或拔针过快。

（4）注射过程中，应注意疫苗每30分钟摇匀一次，每500只更换一次针头，免疫过程中定时校对剂量等。

（5）注意人身安全，如免疫人员出现误注射应及时挤出，清洗疫苗残留并立即就医。

【清场】免疫完成后免疫队将所有用具分类统一消毒处理，针头放入损伤性废物容器内。

【免疫评估】根据免疫接种质控点，评估翅根肌肉免疫过程和结果，可参考《禽用灭活疫苗免疫接种质量评估表》（表5-6）。

表5-6　禽用灭活疫苗免疫接种质量评估表

禽用灭活疫苗免疫接种质量评估表				
鸡场名称：		免疫鸡舍：	免疫队长：	
免疫时间：		评估时间：	评估人：	
评估项目	序号	具体内容	评分标准	得分
免疫准备	1	入场（舍）着装及其他防护良好	5	
	2	入场（舍）按场区规定消毒	5	
	3	免疫用具准备齐全并消毒	7	
	4	连续注射器校准	9	
	5	核对疫苗种类、批次、有效期和物理性状等信息	5	
	6	预温和摇匀达标	9	

（续）

禽用灭活疫苗免疫接种质量评估表				
免疫操作	1	免疫部位准确，无漏免	12	
	2	免疫过程中每30分钟摇匀一次	9	
	3	每500只鸡更换一个针头	6	
	4	定时校对免疫剂量	8	
	5	保定手法规范，轻拿轻放	10	
	6	疫苗用量是否准确	9	
免疫结果	1	免疫用具和器皿回收、清点、消毒	3	
	2	填写《免疫信息实时记录表》	2	
	3	按场区规定离舍（场）	1	
总分			100	
总评				

注：得分对应：≥95为优秀，80～94为良好，60～79为一般，≤59为差。

【附录】见《免疫信息实时记录表》。

视频：翅根肌肉免疫接种

七、腿部肌肉免疫接种SOP

【目的】规范免疫人员腿部肌肉免疫操作，保证免疫过程的安全、准确、有效。

【适用范围】

1. 适用于较大日龄、各品种的鸡。

2. 适用于重组禽流感病毒（H5+H7）三价灭活疫苗、重组新城疫病毒-禽流感病毒（H9亚型）二联灭活疫苗、鸡新城疫-传染性支气管炎-传染性法氏囊病-病毒性关节炎四联灭活疫苗等灭活疫苗。

【责任者】免疫队、质量监督部相关人员。

【正文】

1. 物品清单　疫苗、连续注射器、针头、止血钳、水浴锅、垃圾桶、损伤性废物容器等（图5-34）。

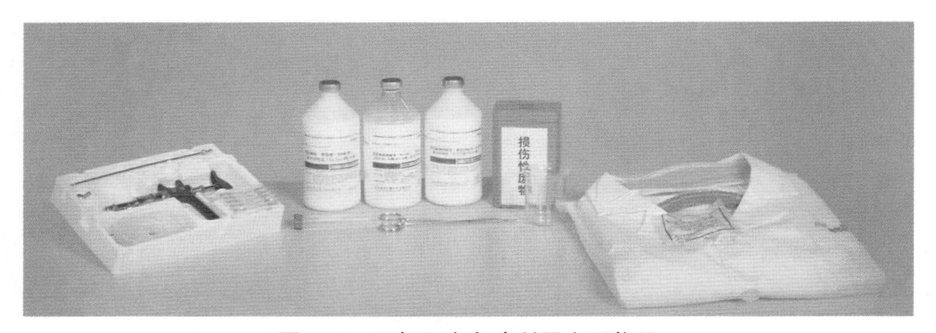

图5-34　腿部肌肉免疫所需主要物品

2. 免疫操作

（1）疫苗的领用、预温和摇匀

①按免疫用量计算本次免疫所需疫苗数量，按需领用，检查核对疫苗种类、厂家、批次、有效期和物理性状等，填写《免疫信息实时记录表》。

②将灭活疫苗进行预温和摇匀，参考执行本章《禽用灭活疫苗预温和摇匀SOP》。

（2）排空及校准

①将疫苗瓶正立，打开疫苗瓶压盖。将连续注射器长针从疫苗瓶胶塞的大圆圈刺入，将长针针尖推至瓶底，在小圆圈刺入回气针。

②将针头安装至连续注射器针头接口。

③排空连续注射器内的气体（图5-35），再次校对注射剂量。连续推动手柄10次，用量筒收集连续注射器排出的疫苗液（图5-36），读取量筒液面刻度以检查连续注射器准确性，若有异常需再次调整注射器剂量至准确。

（3）免疫接种

①助手握住鸡两腿和两翅，使鸡侧卧，鸡腿朝向免疫操作人员。

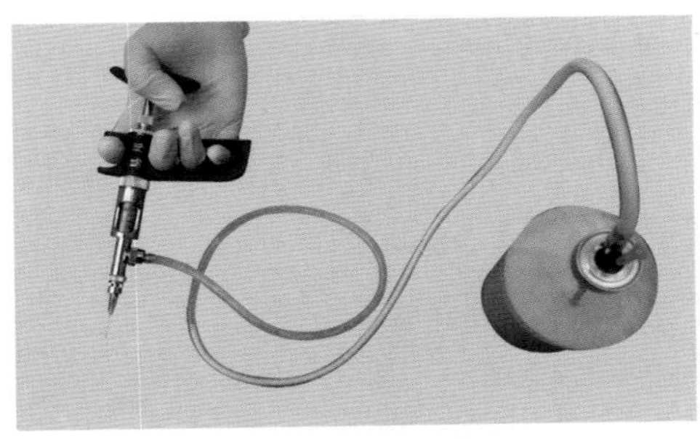

图5-35　排　空

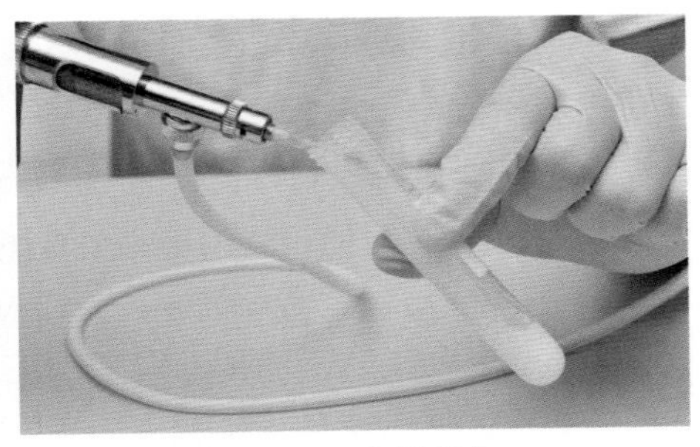

图5-36　定量疫苗

②免疫操作人员一手握住待免鸡腿，用食指拨开鸡小腿外侧羽毛；另一手持注射器，在肌肉丰满处朝向心方向与腿肌成15°～30°进针，注射深度约1厘米。推动手柄，注入疫苗，拔出注射器后回针（图5-37、图5-38）。

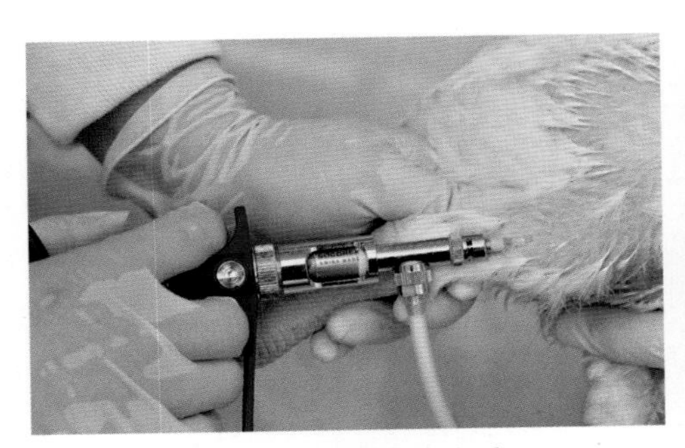

图5-37　腿部肌肉免疫

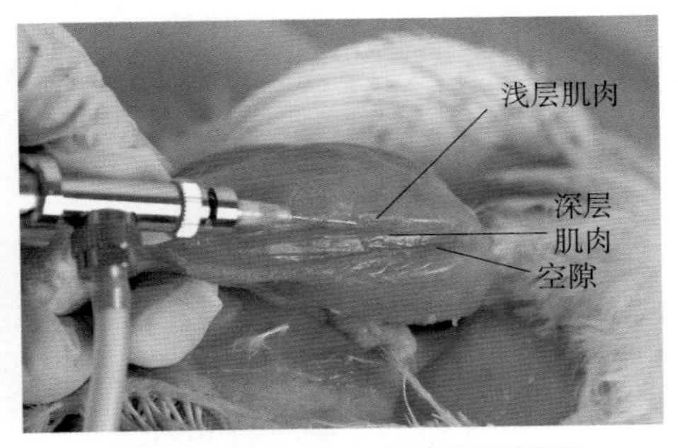

图5-38　腿部肌肉免疫剖面展示

③助手把鸡放至指定位置，免疫完成。

3.注意事项

（1）接种前疫苗需按要求进行预温和摇匀。

（2）接种前需对连续注射器进行剂量校准。

（3）注射部位准确，防止扎到血管、神经、骨骼、关节、肌腱上，禁止在腿内侧肌肉接种。注射操作手法轻柔，避免刺穿或拔针过快。

（4）注射过程中，应注意疫苗每30分钟摇匀一次，每500只更换一次针头，免疫过程中定时校对剂量等。

（5）注意人身安全，如免疫人员出现误注射应及时挤出，清洗疫苗残留并立即就医。

【清场】免疫完成后，免疫队将所有用具分类统一消毒处理，针头放入损伤性废物容器内。

【免疫评估】根据免疫接种质控点，评估腿部肌肉免疫过程和结果，可参考《禽用灭活疫苗免疫接种质量评估表》(表5-7)。

表5-7　禽用灭活疫苗免疫接种质量评估表

<table>
<tr><th colspan="5">禽用灭活疫苗免疫接种质量评估表</th></tr>
<tr><td colspan="3">鸡场名称:　　　　　　　　免疫鸡舍:</td><td colspan="2">免疫队长:</td></tr>
<tr><td colspan="3">免疫时间:　　　　　　　　评估时间:</td><td colspan="2">评估人:</td></tr>
<tr><td>评估项目</td><td>序号</td><td>具体内容</td><td>评分标准</td><td>得分</td></tr>
<tr><td rowspan="6">免疫准备</td><td>1</td><td>入场(舍)着装及其他防护良好</td><td>5</td><td></td></tr>
<tr><td>2</td><td>入场(舍)按场区规定消毒</td><td>5</td><td></td></tr>
<tr><td>3</td><td>免疫用具准备齐全并消毒</td><td>7</td><td></td></tr>
<tr><td>4</td><td>连续注射器校准</td><td>9</td><td></td></tr>
<tr><td>5</td><td>核对疫苗种类、批次、有效期和物理性状等信息</td><td>5</td><td></td></tr>
<tr><td>6</td><td>预温和摇匀达标</td><td>9</td><td></td></tr>
<tr><td rowspan="6">免疫操作</td><td>1</td><td>免疫部位准确，无漏免</td><td>12</td><td></td></tr>
<tr><td>2</td><td>免疫过程中每30分钟摇匀一次</td><td>9</td><td></td></tr>
<tr><td>3</td><td>每500只鸡更换一个针头</td><td>6</td><td></td></tr>
<tr><td>4</td><td>定时校对免疫剂量</td><td>8</td><td></td></tr>
<tr><td>5</td><td>保定手法规范，轻拿轻放</td><td>10</td><td></td></tr>
<tr><td>6</td><td>疫苗用量是否准确</td><td>9</td><td></td></tr>
<tr><td rowspan="3">免疫结果</td><td>1</td><td>免疫用具和器皿回收、清点、消毒</td><td>3</td><td></td></tr>
<tr><td>2</td><td>填写《免疫信息实时记录表》</td><td>2</td><td></td></tr>
<tr><td>3</td><td>按场区规定离舍(场)</td><td>1</td><td></td></tr>
<tr><td colspan="3">总分</td><td>100</td><td></td></tr>
<tr><td>总评</td><td colspan="4"></td></tr>
</table>

注：得分对应：≥95为优秀，80～94为良好，60～79为一般，≤59为差。

【附录】见《免疫信息实时记录表》。

视频：腿部肌肉免疫接种

免疫操作00′ 11″ 分解演示00′ 51″

第三节　禽用灭活疫苗免疫后常见问题和解析

禽用灭活疫苗免疫接种是否规范，直接关系到疫苗效力能否正常发挥。免疫操作不当，不仅导致免疫失败，还会引发一些异常现象。本节重点介绍了灭活苗免疫后常见问题的原因和解决方案。

一、精神沉郁

精神沉郁表现见图5-39。

图5-39　精神沉郁

（一）原因分析

1. 疫苗没有预温或预温不达标　造成疫苗注射后应激反应较大，局部炎症反应，不爱活动。

2. 注射部位不当引起过度反应　如腿肌注射过深或部位不准，针头刺至骨骼、血管、神经、肌腱导致跛行、瘫痪、站立不起。

3. 注射剂量过大　为追求免疫效果，过度增加免疫剂量导致机体应激过度。

4. 同时注射多种灭活疫苗　为使用方便，减少抓鸡次数，两种以上疫苗同时进行免疫导致机体应激过度。

5. 疫苗质量不合格　疫苗灭活剂或内毒素超标。

（二）预防方案

1. 灭活疫苗使用前充分预温和摇匀，具体方法参考执行本章《禽用灭活疫苗预温和摇匀SOP》。

2. 规范免疫操作，严格按照SOP要求进行操作。

3. 按照说明书要求或遵医嘱，不可以盲目加大免疫剂量。

4. 优化免疫程序，使用多联苗进行免疫。

5. 通过正规渠道选择优质厂家生产的疫苗进行免疫。

二、猝死

猝死表现见图5-40。

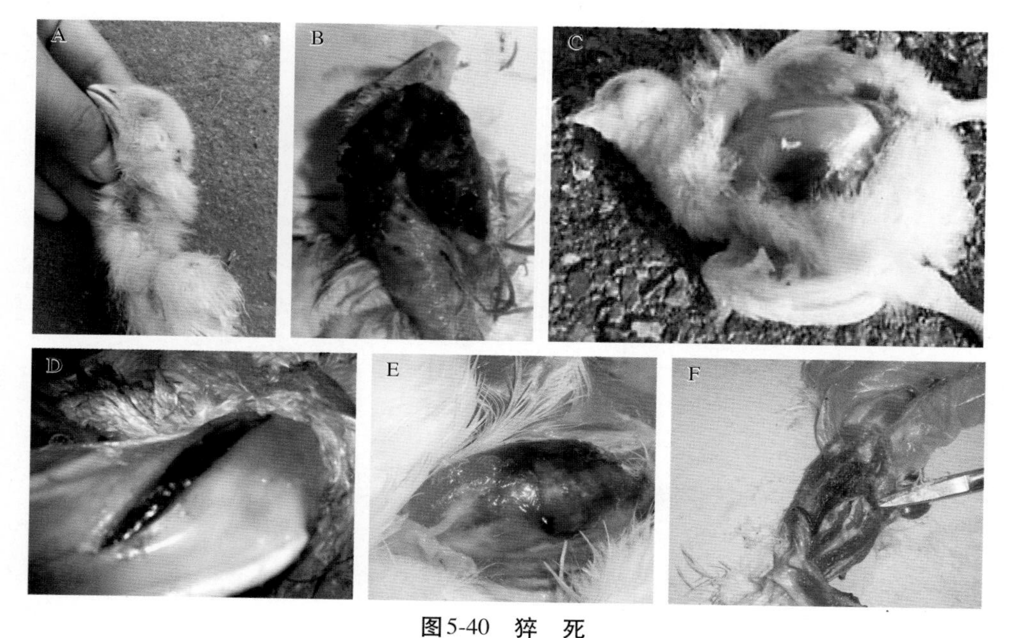

图5-40 猝 死

A ~ B.刺破颈部血管导致猝死 C ~ D.疫苗注射到胸腔导致猝死 E ~ F.刺破腿部血管导致猝死

（一）原因分析

1. 颈部皮下注射时刺破血管或颈椎断裂导致猝死。

2. 操作失误，将疫苗注射到胸腔、内脏器官导致猝死。

3. 腿部肌肉注射时刺破血管导致猝死。

（二）预防方案

规范免疫操作，参考执行《禽用灭活疫苗接种质量管理规范》。

三、吸收不良（肿胀、坏死）

吸收不良（肿胀、坏死）表现见图5-41。

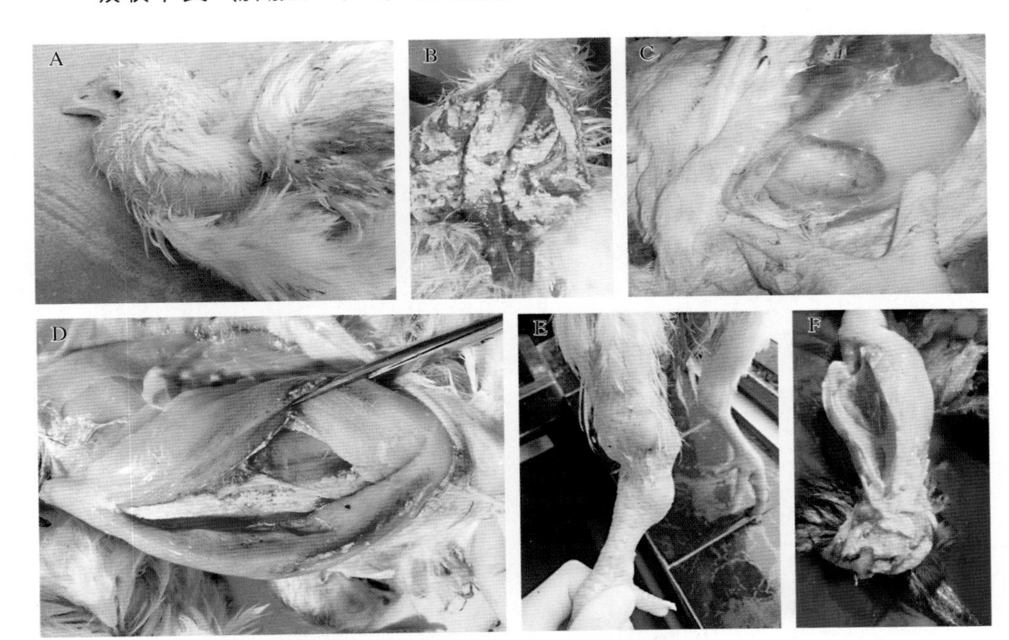

图5-41　肌肉肿胀、坏死，吸收不良

A.颈部皮下肿胀　B.颈部皮下吸收不良　C.胸部浅层肌肉肿胀
D.胸部浅层肌肉吸收不良　E.腿部肌肉肿胀　F.腿部肌肉吸收不良

（一）原因分析

1. 疫苗没有预温或预温不达标造成疫苗注射部位炎症反应过度，形成肉芽肿。

2. 免疫操作不当，疫苗注射过深或注射剂量过大造成注射部位炎症反应过度，形成肉芽肿。

3. 同一个部位频繁注射疫苗造成局部炎症反应过度，形成肉芽肿。

4. 免疫过程污染，造成注射部位细菌感染。

5. 疫苗质量不合格，灭活剂或内毒素超标。

（二）预防方案

1. 免疫操作中避免频繁注射同一部位，参考执行《禽用灭活疫苗接种质量管理规范》。

2. 选择正规渠道优质厂家生产的疫苗进行免疫。

四、肿头

肿头表现见图5-42。

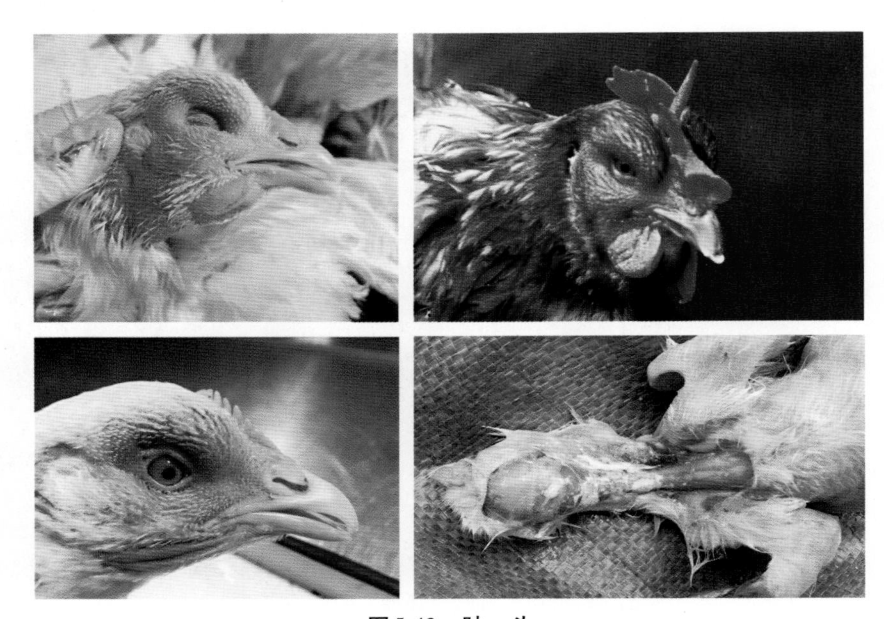

图5-42 肿 头

（一）原因分析

因注射部位靠近头部、误注射在头部或注射时朝头部方向进针，导致疫苗注射到头部皮下引起炎性反应，出现肿头。

（二）预防方案

规范免疫操作，参考执行《颈部皮下免疫接种SOP》。

五、颈部异常（僵脖、弯曲、肿胀）

颈部异常（僵脖、弯曲、肿胀）表现见图5-43。

（一）原因分析

1. 注射部位过深，注射到颈部肌肉或颈椎，导致注射部位炎症反应过度，出现僵脖、弯曲或肿胀。

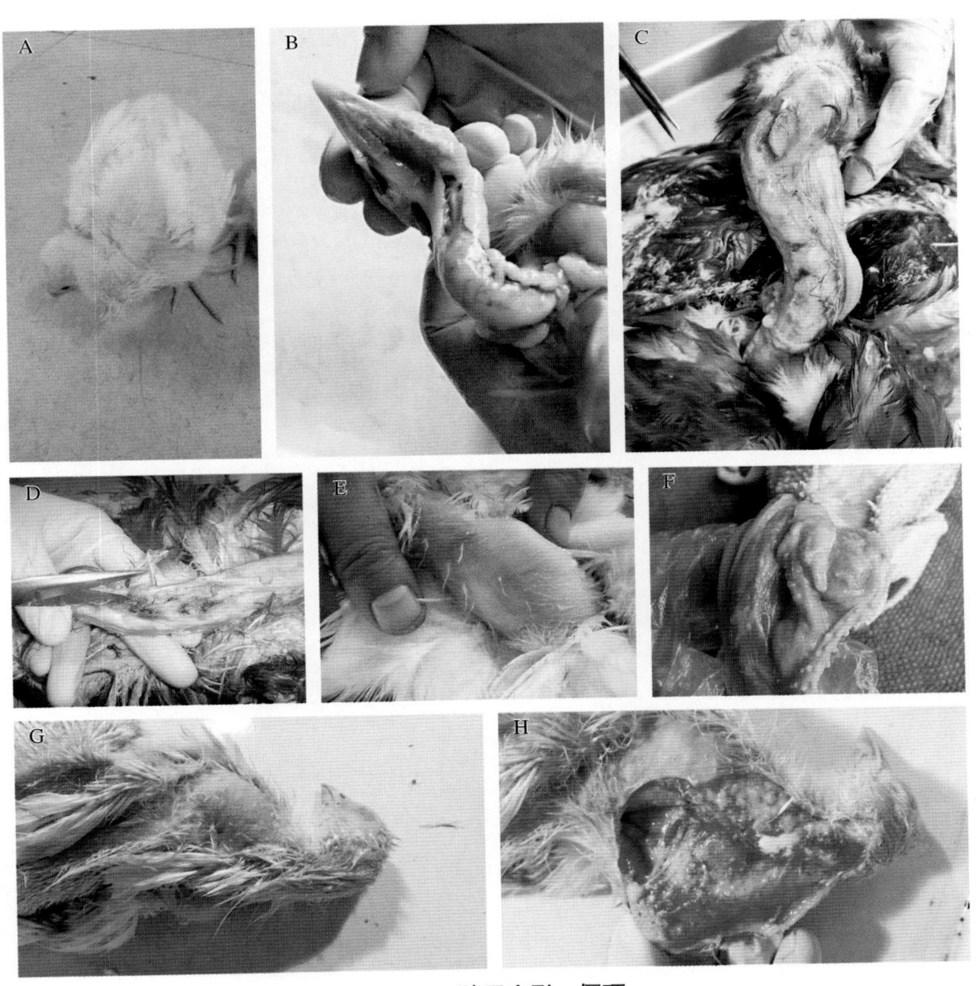

图5-43　脖子变形、僵硬

A.僵脖　B ~ C.弯曲　D.注射过深　E ~ H.肿胀

2. 注射到胸腺，导致组织增生形成肿块，出现僵脖或肿胀。

3. 免疫过程粗暴，导致颈部损伤，出现僵脖或弯曲。

（二）预防方案

规范免疫操作，参考执行《颈部皮下免疫接种SOP》。

六、跛行、瘫痪

跛行、瘫痪表现见图5-44。

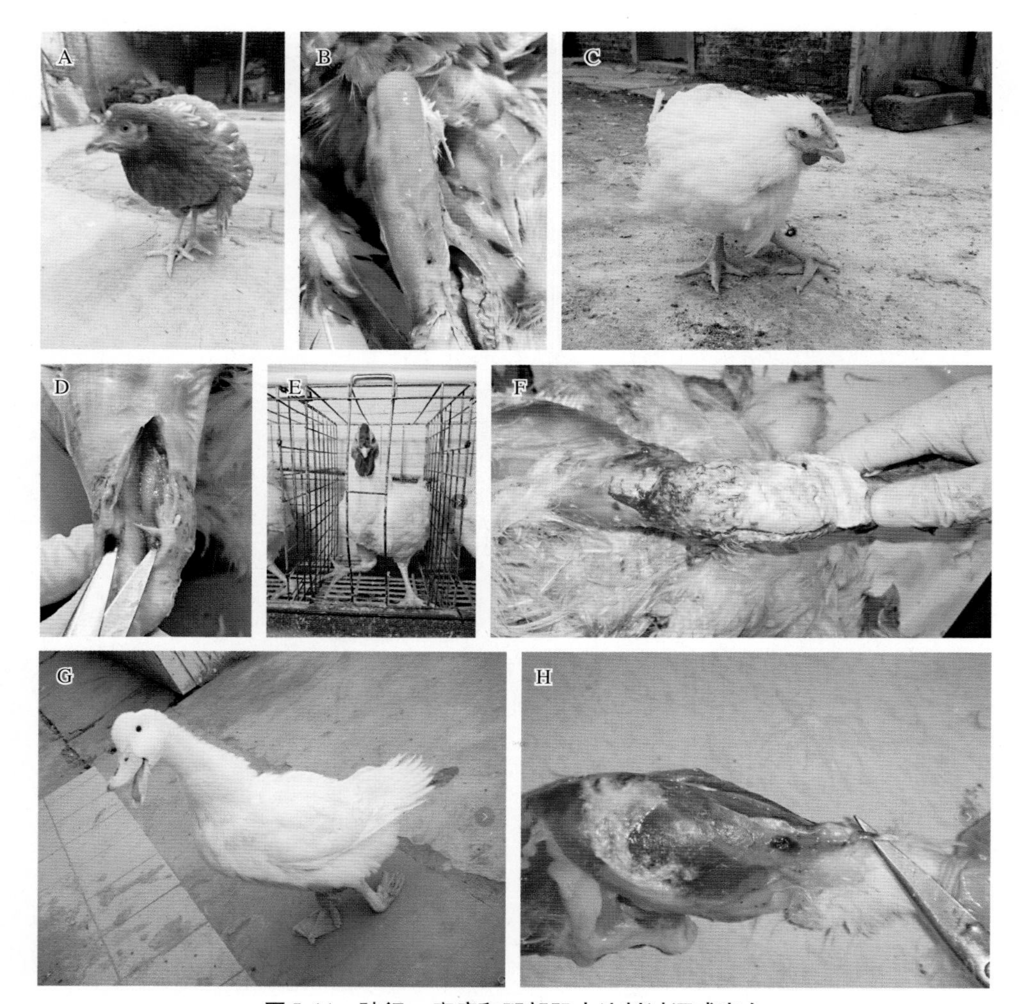

图5-44　跛行、瘫痪和腿部肌内注射过深或出血

A ~ D.蛋鸡跛行瘫痪、注射过深　E ~ F.种鸡跛行瘫痪、注射出血

G ~ H.鸭跛行瘫痪、注射出血

（一）原因分析

1. 腿部肌内注射时过深或部位不准，针头刺至骨骼、血管、神经、肌腱导致跛行、瘫痪、站立不起。

2. 保定时动作粗暴致使腿部受伤，导致瘫痪。

3. 疫苗质量不合格或注射过程中细菌感染，导致瘫痪。

（二）预防方案

1. 规范免疫操作，参考执行《腿部肌肉免疫接种SOP》。

2. 选择正规渠道优质厂家生产的疫苗进行免疫。

七、产蛋下降、异常

（一）原因分析

1. 免疫操作不规范，疫苗未预温或预温不充分、注射剂量过大、多种疫苗同时注射、免疫部位不准确、免疫动作粗暴等，导致鸡只应激过大，出现产蛋下降。

2. 免疫时间不合理，在上午产蛋时进行免疫，导致鸡只应激过大，出现产蛋下降。

3. 疫苗质量不合格，灭活剂或内毒素超标。

（二）预防方案

1. 规范免疫操作，参考执行《禽用灭活疫苗免疫接种质量管理规范》。

2. 合理安排免疫时间。

3. 通过正规渠道选择优质厂家生产的疫苗进行免疫。

第六章 | 06

雏禽自动注射机免疫接种质量管理规范

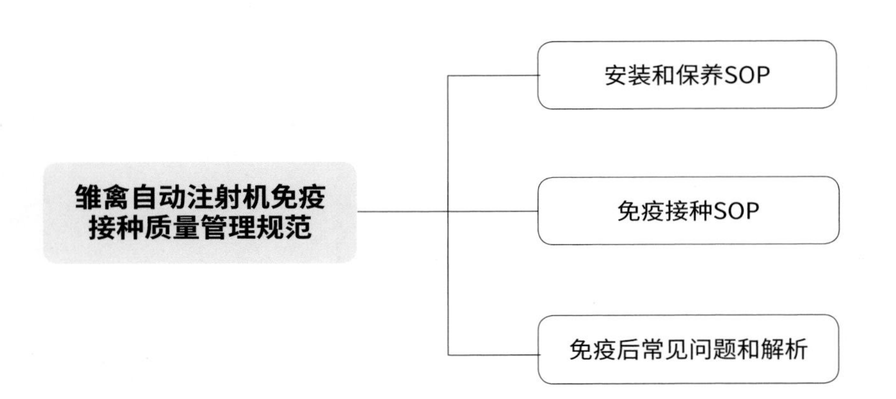

第一节　雏禽自动注射机安装和保养SOP

【目的】规范免疫人员对雏禽自动注射机（以下简称“注射机”）安装和保养操作，保证注射机的正常使用和运行，延长使用寿命。

【适用范围】使用于雏禽自动注射机。

【责任者】免疫队、质量监督部相关人员。

【正文】

1.物品清单　雏禽自动注射机、工具箱、空气压缩机、针头（0.8毫米×25毫米）、生理盐水、止血钳、无粉乳胶手套、垃圾桶、损伤性废物容器、75%酒精等（图6-1）。

2.安装和调试

（1）安装主机

①将注射机固定在工作台面上。

②安装疫苗放置支架到注射机尾端支架孔内。

③将空气压缩机出气管线插入注射机接口，打开电源开关和气源阀门。

④打开注射机开关，拇指和食指捏住压力调节器开关，轻轻向上拔出约3毫米，顺逆缓慢旋转调至压力表显示0.4兆帕，按下压力调节器开关（图6-2）。

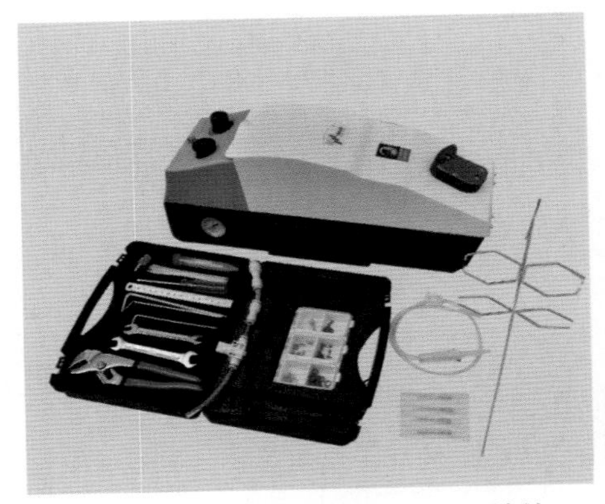

图6-1　雏禽自动注射机、工具箱等

图6-2　压力表显示0.4兆帕

（2）连接主、副针

①用生理盐水替代疫苗，引流管插入生理盐水瓶胶塞，卡紧引流管开关，生理盐水瓶倒放于注射机疫苗瓶支架。

②将引流管连接到主、副针进液口，用主、副针连接管连通主、副针，使用止血钳夹取针头接到主针上，针孔切面外向上45°。

③打开引流管开关。

④取出主针，拧开主针后端活塞，对折引流管并反复挤压使生理盐水充满主针管腔（图6-3），待生理盐水快充满主针管腔时，安上活塞推针测试，放回到针槽内固定（图6-4）。

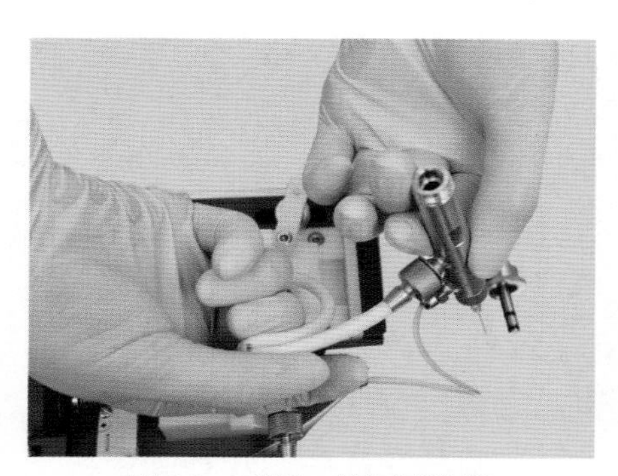

图6-3　对折、挤压引流管

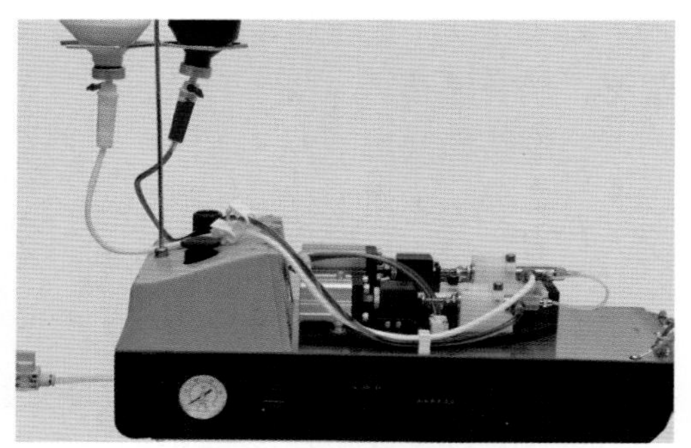

图6-4　连接疫苗

⑤副针排空操作与主针相同。

（3）调节针头

①调节出针长度为15毫米。机器外盖是一个斜面，针头是水平伸出，斜面与针头之间存在一个交点，用直尺平行于针头推进到交点，针尖与交点的标准距离是15毫米，针头位于出针孔中间。若不符合则需要调节。

②关闭注射机开关。

③推出主针到最前方。

④打开外盖（图6-5），用工具箱内六角扳手将注射机与大盘连接的两个螺丝拧松，使注射机

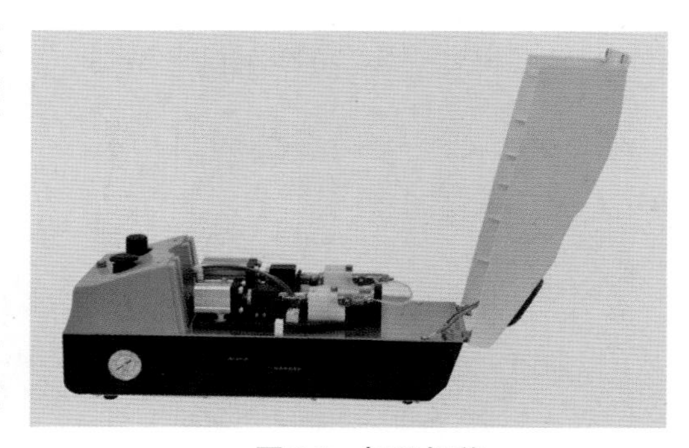

图6-5　打开机盖

处于可移动状态，前后推动调整注射机在大盘的位置，减少或增加出针长度。

⑤盖上机盖，推出主针到最前方，用直尺平行于针头推进到交点，检查针尖与交点距离是否是15毫米。前后反复调节直至15毫米（图6-6）。

⑥调节出针总长度为25毫米（针尖到触点盘与机盖斜面接触点的距离），调节触点盘与针头的距离为2.5毫米。

⑦用小内六角扳手松开触点盘上两个固定螺丝，使触点盘处于可移动状态（图6-7）。

⑧调整触点盘出针总长度直至25毫米(图6-8)，调整触点盘与针头的距离直至2.5毫米（图6-9）。

⑨拧紧螺丝，固定触点盘。

⑩上述参数可根据实际情况进行微调。

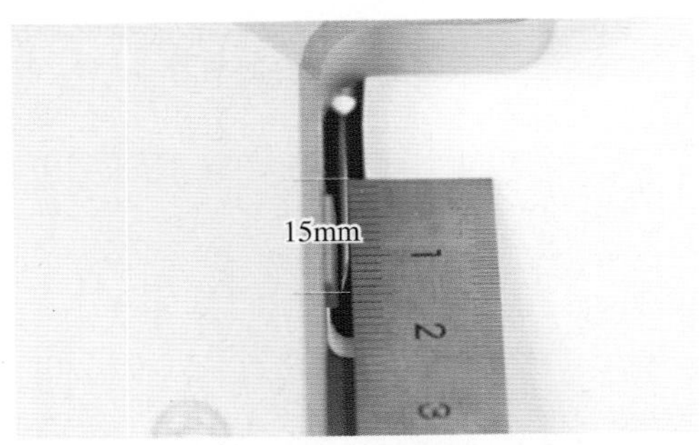

图6-6　针尖与交点距离15毫米

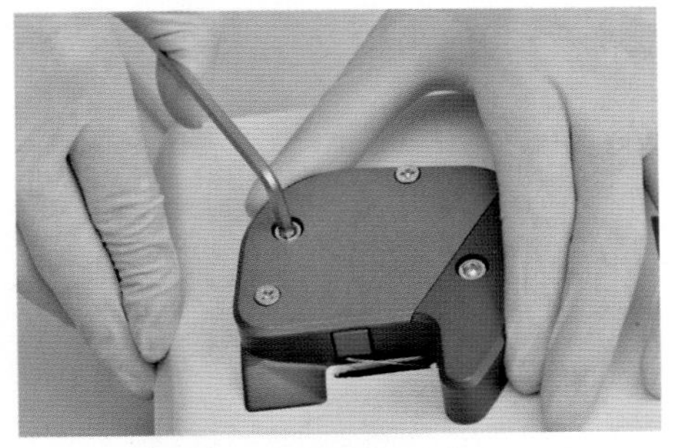
图6-7　调整触点盘

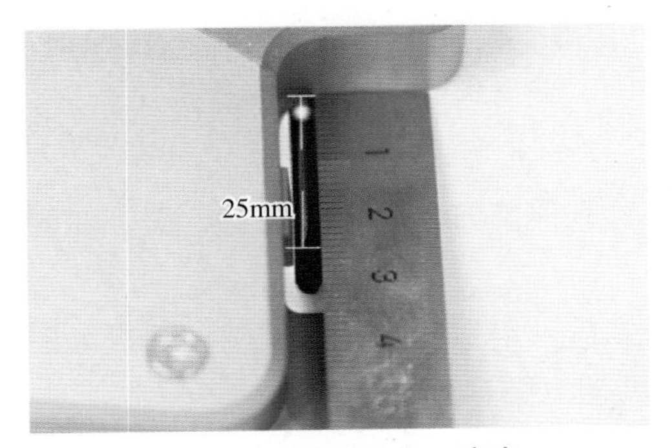

图6-8　出针总长度25毫米

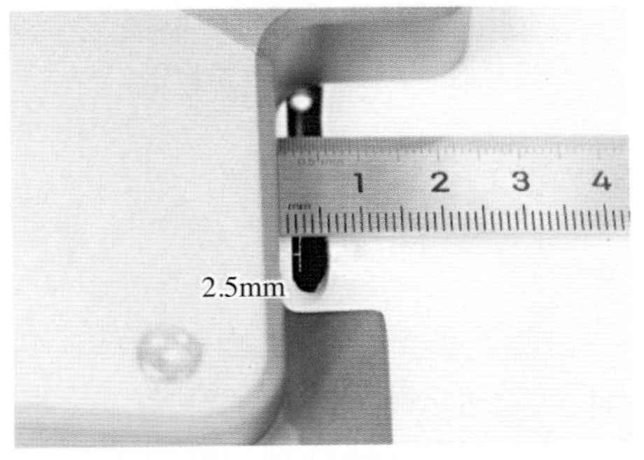

图6-9　触点盘到针头距离2.5毫米

（4）调节剂量

①用工具箱内13号扳手松开主针后端大螺丝；用8号扳手扭动主针后端小螺丝顺逆调节可调小或调大剂量（图6-10），调整后用13号扳手固定大螺丝。同样方法调节副针剂量（图6-11）。

②副针调节直接按动内部开关（图6-12），主针调节需取下副针按动触点开关进行校验，注射20次到量筒内，看剂量是否准确（图6-13）。

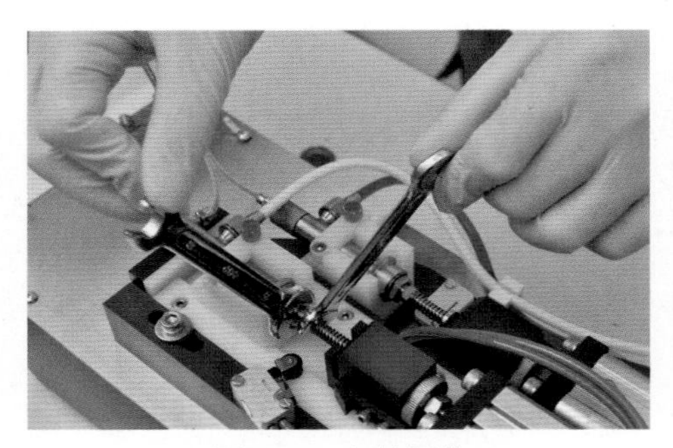

图6-10　主针调节

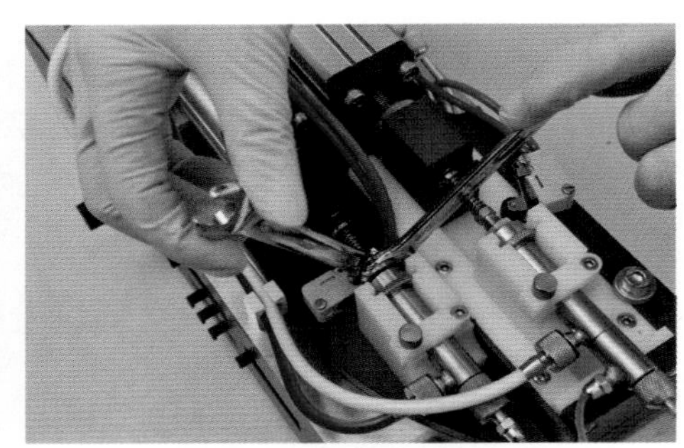

图6-11　副针调节

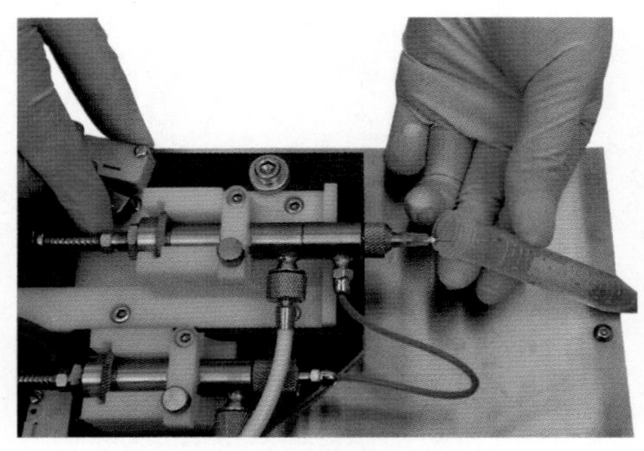

图6-12　副针剂量校准

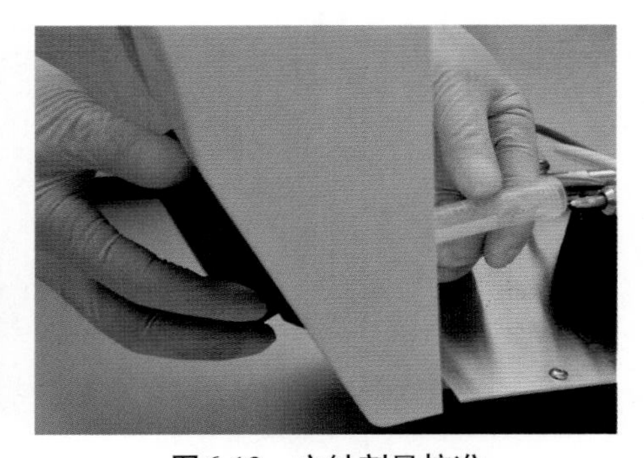

图6-13　主针剂量校准

③调好后固定主、副针，推出主针到最前方，固定引流管，盖好注射机外盖。

（5）调节注射机出针频率　打开外盖，用平口螺丝刀调整注射机上控制旋钮；顺时针旋转出针加快，反之变慢（图6-14）。

（6）单针双液与单针单液的调换

①拆下副针进液管，拆除副针和主副针连接管。

图6-14 调节注射机出针频率

②取下主针针头，换上单针单液注射针头，将其拧紧，主针放回槽内固定。

③将主针和副针蓝色回气管调换连接即可（图6-15、图6-16）。

（7）计数器 按动设定单筐计数器数量，按动复位总计数器（图6-17）。

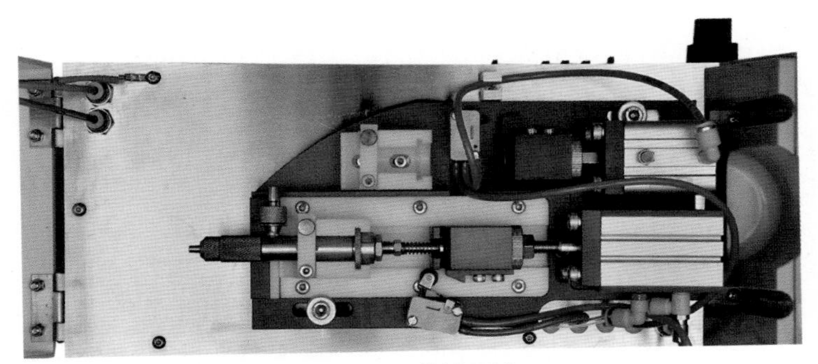

图6-15 单针双液

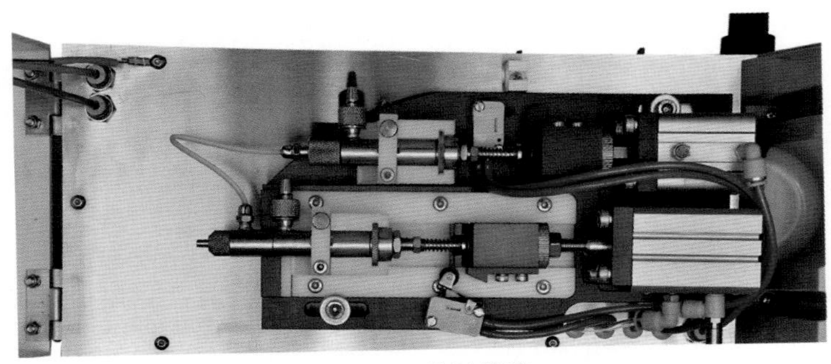

图6-16 单针单液

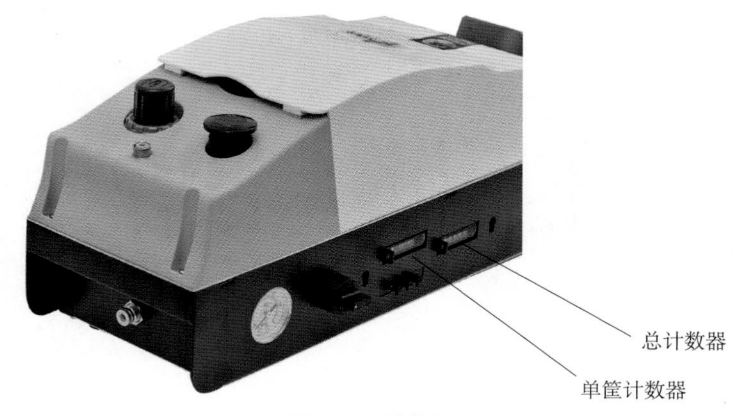

图6-17　计数器

3.清洗和消毒

（1）每次免疫接种后对注射机进行清洗和消毒。

（2）清洗和消毒时必须关闭注射机开关。

（3）免疫结束后，将引流管和针头取下放到指定位置，消毒处理。

（4）取下并拆开主、副针各组件（图6-18），放置到盛有75%酒精的容器内浸泡和清洗30分钟（图6-19），然后用纯净水冲洗干净，检查更换破损部件，组装针体并煮沸15分钟灭菌备用。

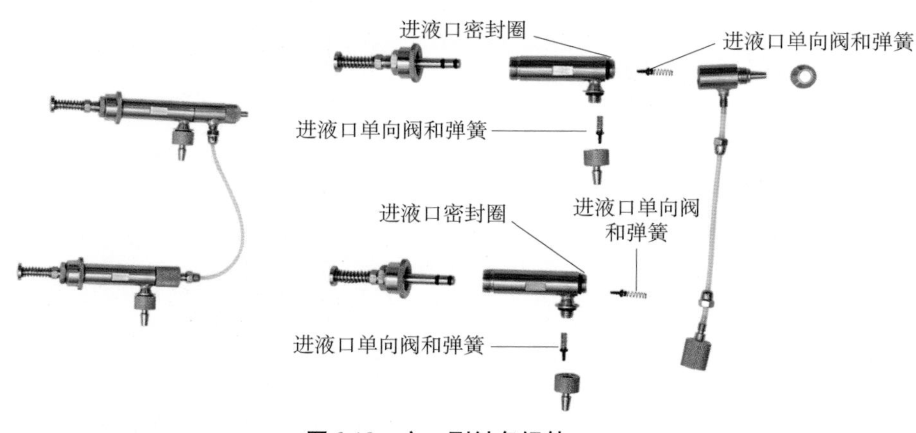

图6-18　主、副针各组件

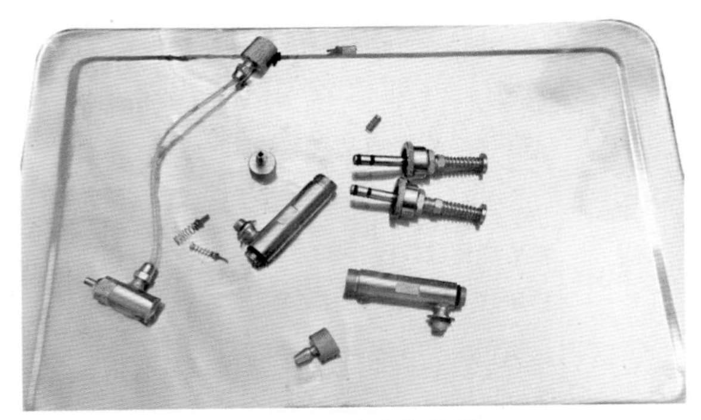

图6-19　浸泡和清洗

(5) 用压缩机出气管线吹洗表面绒毛和杂物，然后用抹布蘸取肥皂水清洗注射机，再用干净抹布清洗，晾干。

(6) 打开触点盘螺丝，用酒精棉球擦拭各个触点卡扣、连接开关(图6-20)。

(7) 将注射机置于避光通风处备用。

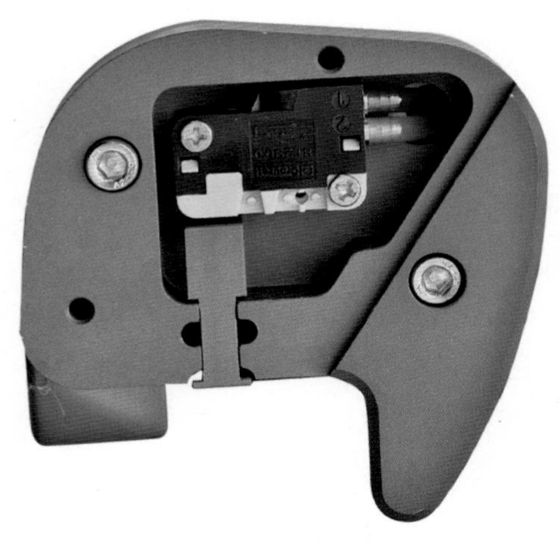

图6-20　触点盘

4.维护和保养

(1) 使用后拆下触点盘查看和清理积存的绒毛等污物，清洗后重新安装。

(2) 使用后拆开主、副针查看弹簧、密封圈，根据使用频率定期更换。

（3）每周拆下注射机清洗底部积存的绒毛等污物，清洗消毒后重新安装。

【注射机故障检查和处理】注射机故障检查和处理见表6-1。

表6-1　注射机故障检查和处理

问题	检查	处理
触点盘触碰反应延迟或不出针	触点内部被黏稠疫苗黏住	酒精擦拭触点位置
	接触开关损坏	更换接触开关
免疫剂量偏小	剂量调整偏小	重新校正
	推针不到底	调整主针触点与滑轮的距离
	剂量螺丝未拧紧，长时间注射有偏差	重新校正并拧紧螺丝
	回气阀或针头堵住	更换引流管或者回气针头
	单向阀或弹簧损坏	更换单向阀、弹簧
压力表压力偏低或零	空压机未打开球阀开关	连接电源、检查压力开关
	气压管弯折	捋顺气压管线
	压力表损坏	需要更换
压力表不归零	检查连接管线，压力表损坏	需要更换
	处于开关按钮打开状态	关闭开关

第二节　雏禽自动注射机免疫接种SOP

【目的】规范雏禽自动注射机（以下简称“注射机”）的操作，保证免疫过程的安全、准确、有效。

【适用范围】

1. 适用于1～7日龄雏禽。

2. 适用于重组禽流感病毒（H5+H7）三价灭活疫苗、重组鸡新城疫病毒-禽流感病毒（H9亚型）二联灭活疫苗等灭活疫苗以及马立克氏病液氮苗、鸡传染性法氏囊病免疫复合物疫苗等。

【责任者】免疫队、质量监督部相关人员。

【正文】

1. 物品准备　雏禽自动注射机、工具箱、空气压缩机、疫苗、针头、止血钳、一次性使用医用口罩、无粉乳胶手套、垃圾桶、损伤性废物容器、75%酒精等。

2. 免疫操作

（1）疫苗领用及准备　按免疫用量计算本次免疫所需疫苗数量，按需领用，检查核对疫苗种类、厂家、批次、有效期和物理性状等，填写《免疫信息实时记录表》。

（2）免疫接种

①免疫操作人员站立在注射机计数器同侧。

②待免雏鸡盒放在免疫操作人员前方，待装鸡盒放在注射机出针一端。

③右手四指摸贴下颌、颈部、腹部，拇指在背部，呈“捏”鸡手法（图6-21）。

④头部放在触点盘弯角内（图6-22），四指并排使鸡呈侧卧状迅速压靠触点开关进行注射（图6-23），检查（图6-24）后把雏鸡放至指定位置，免疫完成。

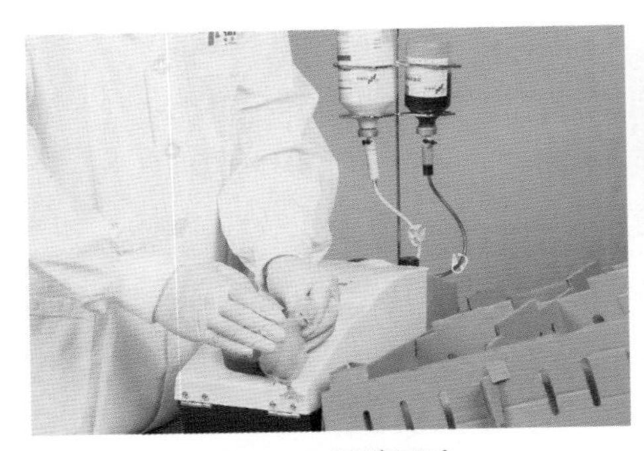

图6-21　抓鸡手法

图6-22　头部放在触点盘弯角内

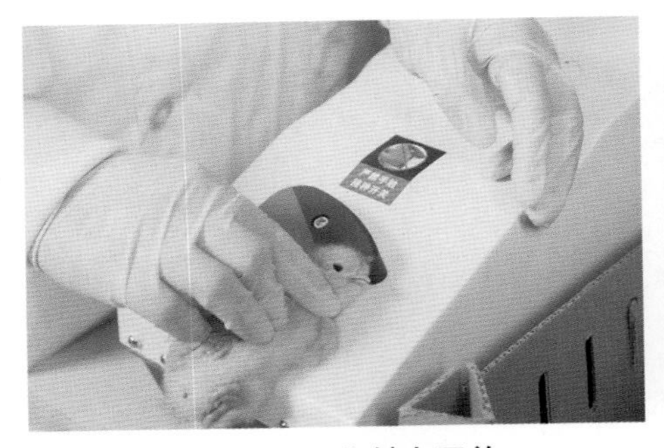

图6-23　压靠触点开关

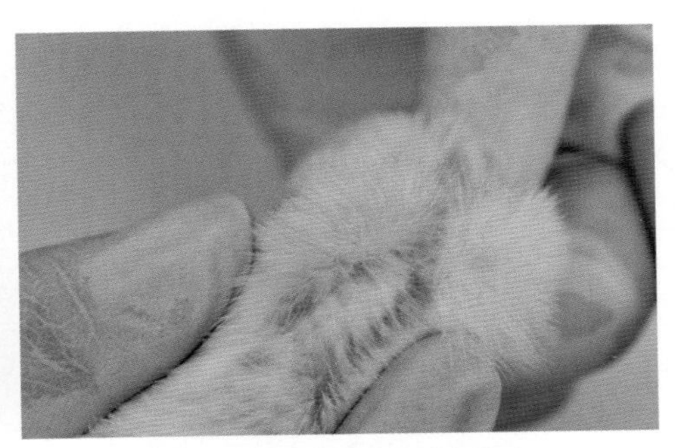

图6-24　颈部皮下免疫检查

3. 注意事项

（1）气动连接头和连接管不能有弯折或踩压等，以免影响进气压力。

（2）避免因追求免疫速度而影响免疫质量。

（3）免疫操作人员在免疫过程中时刻关注免疫准确性，出现湿毛、出血和死亡时应及时分析和调整。漏免鸡需补免。

（4）针头应平直无卷钝，及时更换卷钝针头或每注射100盒雏禽更换针头。

（5）注意人身安全，防止针头扎伤。误注射后应及时挤出疫苗残留，清洗，就医，消毒和消炎处理，若过深需到医院进行清创手术，避免感染。

【清场】

1. 免疫完成后，免疫队将所有用具分类统一消毒处理，针头放入损伤性废物容器内。

2. 免疫操作人员对配苗区和免疫区进行检查、整理、清扫，配苗区进行消毒。

3. 注射机维护清理，参考《雏禽自动注射机安装和保养SOP》。

【免疫评估】根据免疫接种质控点，评估雏禽自动注射机免疫过程和结果，可参考《雏禽自动注射机免疫接种质量评估表》（表6-2）。

表6-2　雏禽自动注射机免疫接种质量评估表

雏禽自动注射机免疫接种质量评估表				
鸡场名称：		免疫鸡舍：	免疫队长：	
免疫时间：		评估时间：	评估人：	
评估项目	序号	具体内容	评分标准	得分
免疫准备	1	入场（舍）着装及其他防护良好	4	
	2	入场（舍）按场区规定消毒	5	
	3	检查核对疫苗种类、厂家、批次、有效期和物理性状	3	
	4	注射机剂量校正准确	7	
	5	出针参数准确、合适	14	
	6	检查气压稳定，气路通畅	7	

（续）

雏禽自动注射机免疫接种质量评估表				
免疫操作	1	免疫部位准确	14	
	2	免疫速度为2 800～3 200只/小时	9	
	3	针头及时更换(每100盒鸡或针头出现卷钝时)	9	
	4	免疫合格率抽查不低于98.5%	13	
免疫结果	1	每次免疫完成后设备清洗和消毒	6	
	2	定期维护和保养设备	8	
	3	填写《免疫信息实时记录表》	1	
总分			100	
总评				

注：1.得分对应：≥95为优秀，80～94为良好，60～79为一般，≤59为差。
2.免疫合格率：随机抽取10盒雏鸡检查免疫合格占比。

【附录】见《免疫信息实时记录表》。

视频：雏禽自动注射机的保养和使用

安装和使用00′14″　剂量校准03′50″　调节出针频率05′10″
计数器05′24″　单双液切换05′53″
免疫操作06′37″　清洗和消毒07′21″

第三节　雏禽自动注射机免疫后常见问题和解析

雏禽自动注射机免疫后异常问题主要是由设备参数设置、人员操作等导致，规范雏禽自动注射机的参数设置、人员操作可有效预防异常问题的发生。

一、出血、死亡或肿头、歪脖

出血、死亡或肿头、歪脖表现见图6-25。

 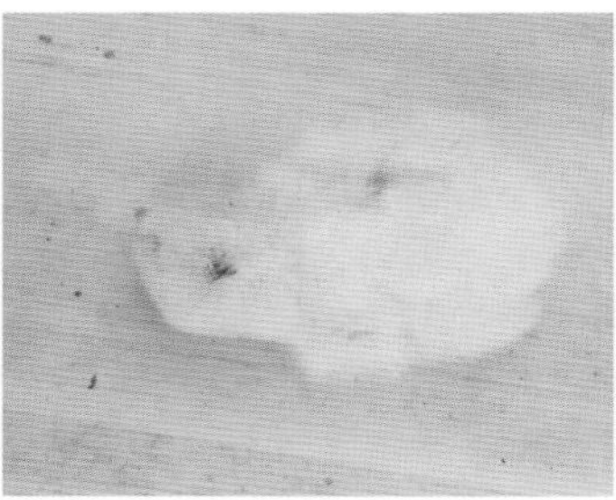 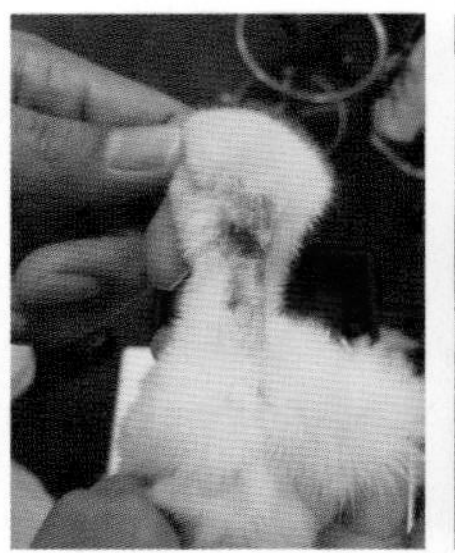 

图6-25　出血、死亡和歪脖

（一）原因分析

1. 触点盘与针头距离过大，导致注射过深。

2. 出针总长度过短，导致注射部位靠近或在头部。

3. 保定鸡方式与注射机要求不符，导致注射在颈部血管或颈椎。

4. 鸡头靠下，注射部位靠近或在头部。

5. 手法较重，导致注射过深。

（二）解决方案

1. 正确调整触点盘与针头距离，一般为2.5毫米，可根据实际情况微调。

2. 正确调整出针总长度，一般为25毫米，可根据实际情况微调。

3. 根据不同注射机的要求，选择匹配的保定方式以保证注射部位的准确。

4. 触碰触点开关时，鸡头位于触点盘弯角内，避免鸡头靠下。

5. 免疫手法应轻重适宜，避免力度过大。

二、湿毛

湿毛表现见图6-26。

（一）原因分析

1. 触点盘与针头距离过小或针头不平直，向机器方向弯曲，导致注射过浅。

2. 气压不足、针体密封不严或针尖卷钝，导致针头挂液。

3. 触点开关过于灵敏出现连针，导致湿毛。

4. 进出针速度慢；回针速度快、出液速度慢，导致漏液。

5. 手法较轻，导致注射过浅。

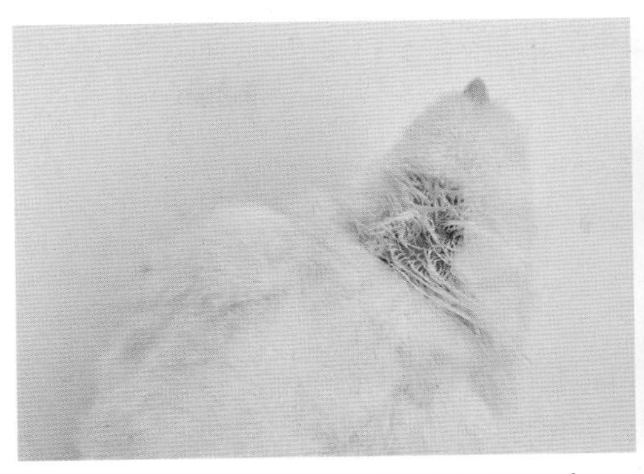

图6-26　湿　毛

6. 触碰触点开关后拿鸡速度过快，注射未完成导致湿毛。

7. 注射剂量过大，疫苗液外渗导致湿毛。

（二）解决方案

1. 正确调整触点盘与针头距离，一般为2.5毫米，可根据实际情况微调。保证针头平直，出现异常应及时更换。

2. 合理设定气压，参考气压为0.4兆帕。及时检查并更换针体组件，保证针体的密闭性。保证针头平直，针尖无卷钝，出现异常应及时更换。

3. 及时检查并清洁触点开关，如有损坏及时更换。

4. 检查并清洁触点开关；可调整控制旋钮，降低回针速度。

5. 免疫手法应轻重适宜，避免力度过小。

6. 保持适宜的注射速度，待注射完成再将鸡拿开。

7. 制定合理免疫程序，避免盲目增大注射剂量。

三、沉郁

沉郁表现见图6-27。

（一）原因分析

1. 疫苗未预温或预温不达标，造成免疫后活动性差。

2. 注射部位过深、免疫剂量过大、免疫操作手法粗暴导致鸡只应激过大，出现注射后精神沉郁。

3. 免疫注射动力大、进液速度快导致鸡只应激过大，出现注射后精神沉郁。

图6-27　沉　郁

（二）解决方案

1. 灭活疫苗使用前充分预温和摇匀，具体方法参考执行本书《禽用灭活疫苗预温和摇匀SOP》。

2. 规范免疫操作，参考执行《雏禽自动注射机免疫接种SOP》。

3. 合理设定气压或者降低注射机出针频率和速度。

四、注射到手指

注射到手指见图6-28。

（一）原因分析

1. 使用不同触点开关类型的注射机导致抓鸡手法不匹配，误注到手指。

2. 手指固定鸡颈部，斜向上放置鸡只，手指距离出针位置过近。

3. 手法过慢导致鸡挣扎误触触点。

4. 未关闭气动开关调整针头或清洁注射机误触触点。

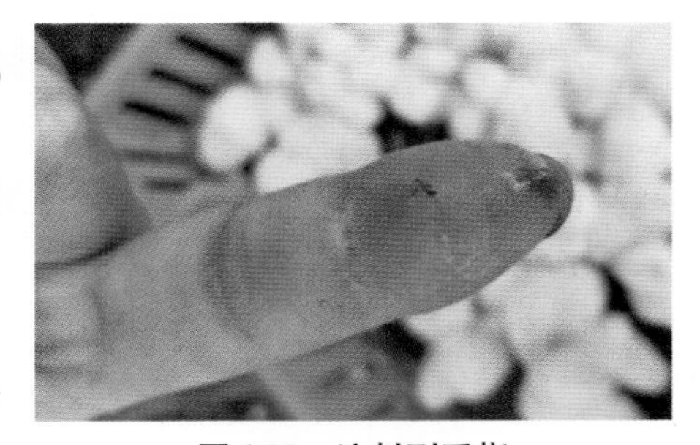

图6-28　注射到手指

（二）解决方案

1. 规范免疫操作，参考执行《雏禽自动注射机免疫接种SOP》。

2. 进行针头调整或注射机清洁前，首先关闭气动开关，注意安全。

07 | 第七章

马立克氏病液氮苗免疫接种质量管理规范

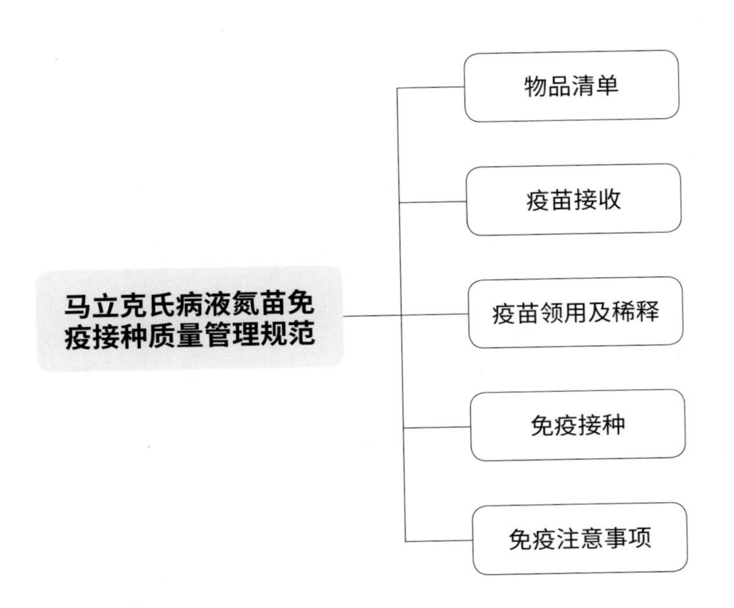

马立克氏病液氮苗免疫接种质量管理规范的内容即是马立克氏病液氮苗免疫接种SOP。

【目的】规范马立克氏病液氮苗免疫操作，保证免疫过程的安全、准确、有效。

【适用范围】适用于1日龄雏鸡马立克氏病液氮苗。

【责任者】免疫队、质量监督部相关人员。

【正文】

1. 物品清单 马立克氏病液氮苗、马立克氏病液氮苗专用稀释液、水浴锅、液氮罐、雏禽自动注射机、工具箱、专用针头、止血钳、防护手套、无粉乳胶手套、一次性使用医用口罩、护目镜、垃圾桶、损伤性废物容器、空气压缩机、一次性注射器等（图7-1）。

2. 疫苗接收

(1) 疫苗入场

①确保储存液氮罐内液氮是满的。

②收到马立克氏病液氮苗后，核对疫苗种类、厂家、有效期、数量等。

③核对无误后将疫苗从转运罐迅速放入储存罐。

(2) 状态检查 每天检查液氮罐中的液氮，确保疫苗一直存放在液氮面下。采用两种方法：称重法和直尺测量法（图7-2）。

图7-1 马立克氏病液氮苗免疫所需主要物品

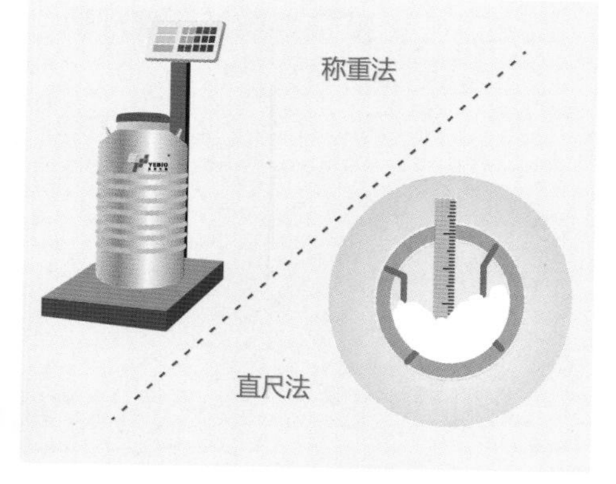

图7-2 称重法和直尺法

①称重法　将装有疫苗和液氮的液氮罐放置在电子台秤上，根据重量的多少来设定警戒值。一旦重量低于警戒值电子秤报警，需及时补充液氮。

②直尺测量法　用金属直尺从罐口轻轻插入，接触到液面时，发出“嗞嗞”的声音，并感觉到直尺有轻微震颤，记录此时直尺在液氮罐罐口的刻度，即为液面与罐口之间的距离。放置安瓿瓶的提斗长度是固定的（不同类型的提斗长度不一，可以测量），直尺在液氮罐罐口的刻度（即液面与罐口之间的距离）必须低于此确定值。

3.疫苗领用及稀释

（1）按免疫用量计算本次免疫所需疫苗及稀释液数量，按需领用，检查核对疫苗种类、厂家、批次、有效期和物理性状等，填写《免疫信息实时记录表》。

（2）水浴锅加入适量纯净水或蒸馏水，设置温度27～37℃（具体参照产品说明书），水温升至目标温度。马立克氏病液氮苗专用稀释液使用前回温至25～30℃（具体参照产品说明书），用75%酒精棉球擦拭稀释液袋/瓶口（图7-3），晾干备用。

（3）迅速从液氮罐中取出一支有疫苗安瓿瓶的铝卡条（图7-4），从最上方开始依次取下1瓶倒置状态的疫苗，安瓿瓶在空气中不要超过5秒。

图7-3　用酒精棉球擦拭稀释液袋/瓶口

图7-4　从液氮罐里取出一支疫苗

（4）立即放入水浴锅中，轻轻摇动至完全解冻（图7-5），2毫升规格的疫苗解冻时间27℃水温不超过90秒，37℃水温不超过60秒。

（5）从水浴锅内取出疫苗瓶，擦干（图7-6A）。

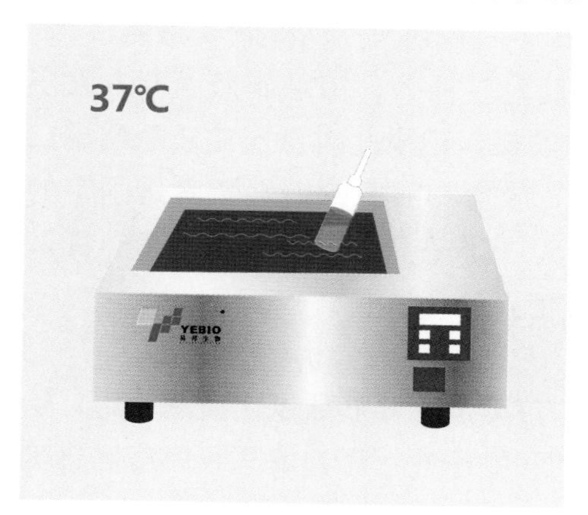

图7-5　疫苗的解冻

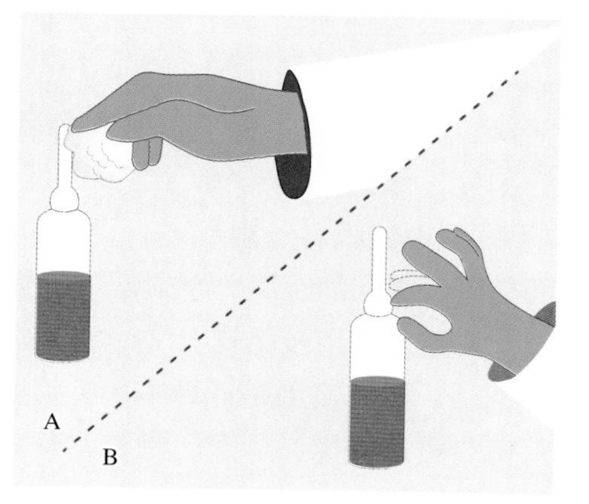

图7-6　擦干和轻弹

A.擦干疫苗瓶　B.轻弹疫苗瓶顶

（6）轻弹疫苗瓶顶（图7-6B），捏住瓶顶端在瓶颈处掰开（图7-7）。

（7）用注射器从疫苗瓶中吸出疫苗，缓慢沿稀释液袋/瓶壁注入（图7-8），抽取稀释液并反复冲洗疫苗瓶3次（图7-9）。

（8）轻轻倒转、滚动稀释液袋/瓶（图7-10），充分混合疫苗，在稀释液袋/瓶上标示疫苗稀释完成时间，疫苗配制完成。

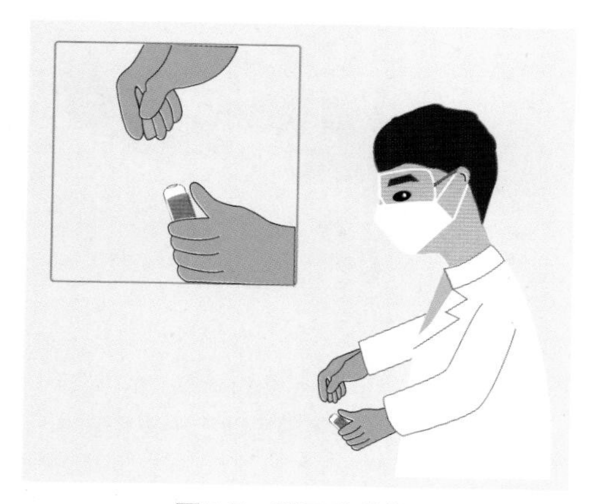

图7-7　掰开疫苗瓶

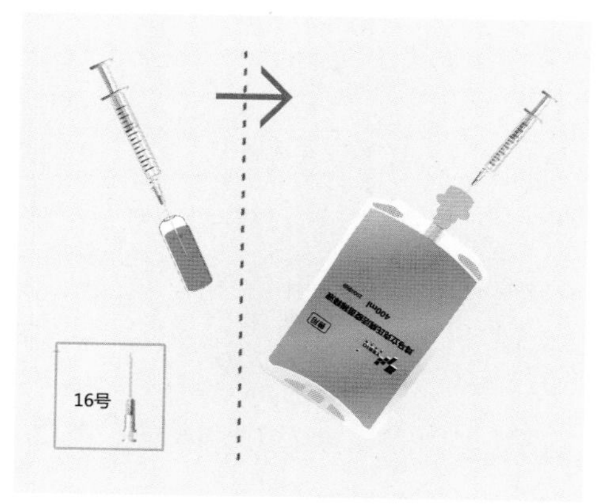

图7-8　将疫苗注入稀释液袋

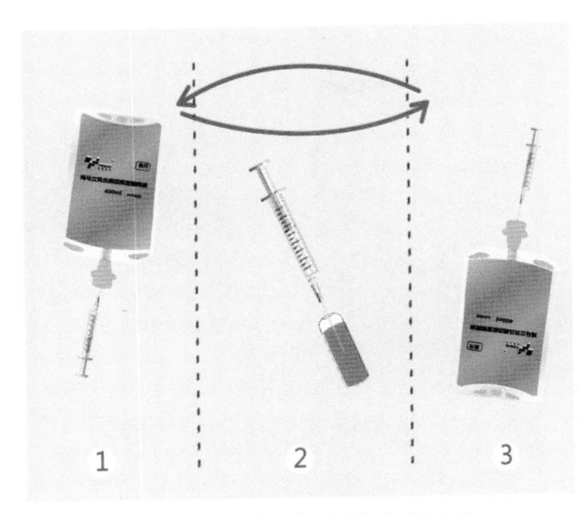

图7-9　反复冲洗疫苗瓶3次

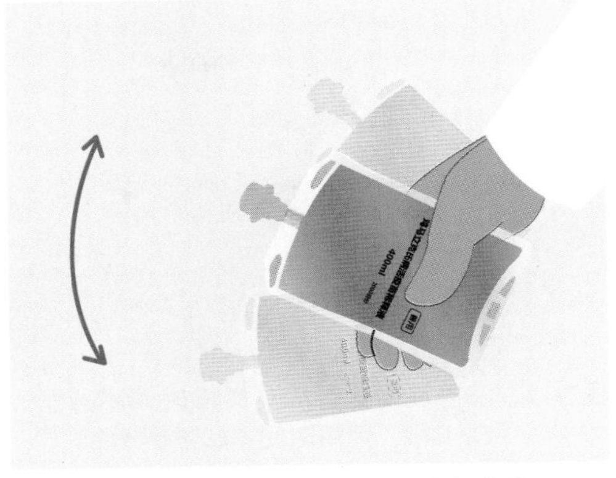

图7-10　轻轻倒转、滚动稀释液袋

4.免疫接种　使用雏禽自动注射机免疫接种，参考执行《雏禽自动注射机免疫接种SOP》。

5.免疫注意事项

（1）液氮罐放入疫苗前检查液面高度。

（2）进行解冻时，疫苗瓶应完全没入水中，不得碰触水浴锅内壁。

（3）疫苗稀释需用马立克氏病液氮苗专用稀释液；稀释时使用16号针头吸取。

（4）疫苗稀释操作须在规定时间内完成，疫苗取出、解冻、稀释时间不超过90秒，同时严格控制使用时间不超过60分钟（图7-11）。

（5）每10～15分钟轻柔摇匀稀释液袋/瓶，不可剧烈摇晃。

（6）马立克氏病液氮苗一旦解冻不可放回液氮罐中保存。

（7）注意操作中人身安全，取用和稀释时须戴护目镜和防护手套防低温冻伤。误注到体内应及时挤出疫苗残留，清洗，就医，消毒和消炎处理，若过深需到医院进行清创手术，避免感染。

【清场】

1.免疫完成后，免疫操作人员将所有用具分类统一消毒处理，废弃疫苗瓶放入消毒桶，针头放入损伤性废物容器内（图7-12）。

2.免疫操作人员对配苗区和免疫区进行检查、整理、清扫，配苗区进行消毒。

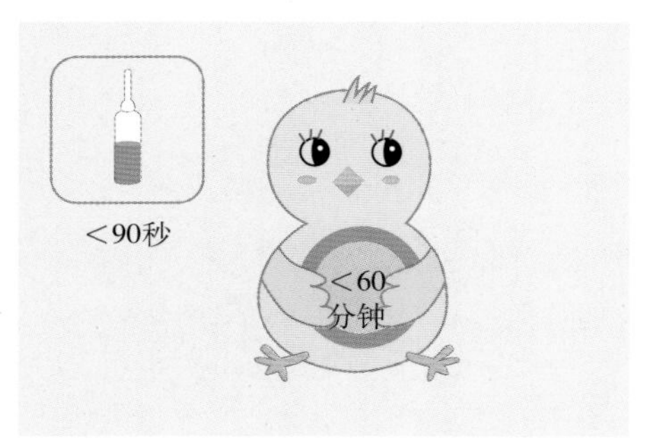

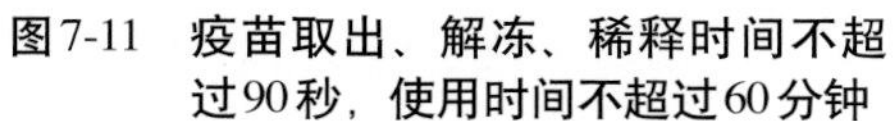
图7-11　疫苗取出、解冻、稀释时间不超过90秒，使用时间不超过60分钟

图7-12　消毒桶和损伤性废物容器

【免疫评估】根据免疫接种质控点，评估马立克氏病液氮苗免疫过程和结果，可参考《马立克氏病液氮苗免疫接种质量评估表》（表7-1）。

表7-1　马立克氏病液氮苗免疫接种质量评估表

马立克氏病液氮苗免疫接种质量评估表				
鸡场名称：		免疫鸡舍：	免疫队长：	
免疫时间：		评估时间：	评估人：	
评估项目	序号	具体内容	评分标准	得分
免疫准备	1	入场（舍）着装及其他防护良好	4	
	2	入场（舍）按场区规定消毒	6	
	3	免疫用具准备齐全并消毒	4	
	4	检查核对疫苗种类、厂家、批次、有效期和物理性状	4	
	5	检查疫苗是否处在液氮面下	8	
	6	安瓿瓶在空气中不要超过5秒	8	
	7	疫苗需放入规定温度温水中解冻	8	
	8	疫苗取出、解冻、稀释不超过120秒	8	
免疫操作	1	疫苗稀释后在60分钟内用完	10	
	2	免疫部位准确	8	
	3	免疫速度为2 800～3 200只/小时	5	
	4	针头及时更换（每100盒鸡或针头出现卷钝时）	5	
	5	免疫合格率抽查不低于98.5%	7	

（续）

马立克氏病液氮苗免疫接种质量评估表				
免疫结果	1	每次免疫完成后设备清洗和消毒	6	
	2	定期维护和保养设备	8	
	3	填写《免疫信息实时记录表》	1	
总分			100	
总评				

注：1.得分对应：≥95为优秀，80～94为良好，60～79为一般，≤59为差。
　　2.免疫合格率：随机抽取10盒雏鸡检查免疫合格占比。

【附录】见《免疫信息实时记录表》。

第八章 | 08

球虫疫苗免疫接种质量管理规范

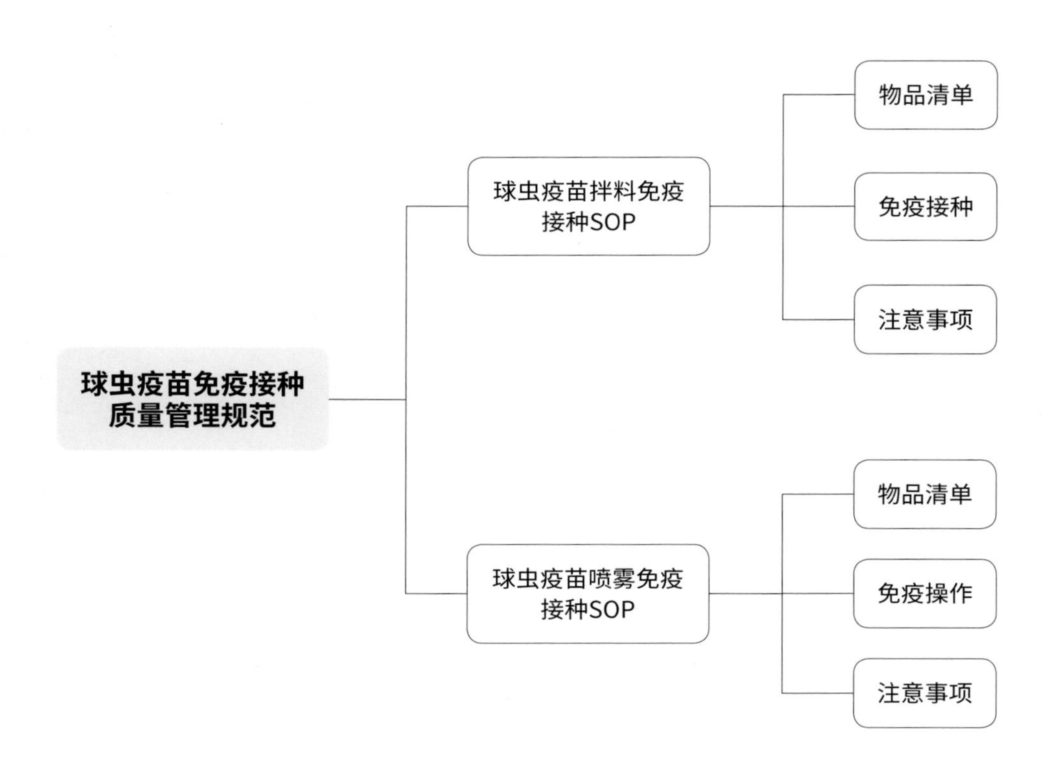

第一节　球虫疫苗拌料免疫接种SOP

【目的】规范免疫人员球虫拌料免疫操作，保证免疫过程的安全、准确、有效。

【适用范围】适用于鸡球虫疫苗拌料免疫。

【责任者】免疫队、质量监督部相关人员。

【正文】

1.物品清单

（1）疫苗、颗粒饲料、稀释液（纯净水或蒸馏水）、喷雾器、水桶、塑料布、铁锨、磅秤、舀子、料盘、量杯、玻璃棒、免疫泡腾片（红色）等（图8-1）。

（2）疫苗、饲料、水、染料用量　饲料用量根据免疫当天鸡采食量的1/3料量来计算，水量根据采食量的15%计算（图8-2）。为提高拌料均匀度，选用免疫泡腾片（如免易宝）做指示剂。实际需要的料量应根据鸡的日龄、品种作出相应的调整，让鸡充分采食6小时以上。

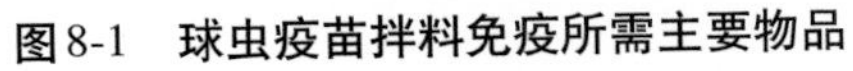

图8-1　球虫疫苗拌料免疫所需主要物品

图8-2　计算料量和水量

2.免疫接种

（1）免疫前停料2～3小时，保证正常供水，统计料盘数量。

（2）称好的饲料平铺在准备好的塑料布上，厚度≤3厘米（图8-3）。

（3）按免疫用量计算本次免疫所需疫苗、稀释液、免疫泡腾片数量，按需领用，检查核对疫苗种类、厂家、批次、有效期和物理性状等，填写《免疫信息实时记录表》。

（4）量杯内加入计算好的稀释液，按照说明书加入免疫泡腾片作用5分钟。

（5）从冰箱中取出疫苗，拉开疫苗瓶的铝盖，在稀释液液面下打开疫苗瓶胶塞，待稀释液灌满疫苗瓶，将疫苗瓶拿至液面上，将疫苗液倾倒至免疫用水中（图8-4）。重复操作5次以反复洗涤疫苗瓶。用水瓢混匀疫苗液后，将疫苗溶液倒入喷雾器中（图8-5）。

图8-3　平铺饲料

图8-4　疫苗配制

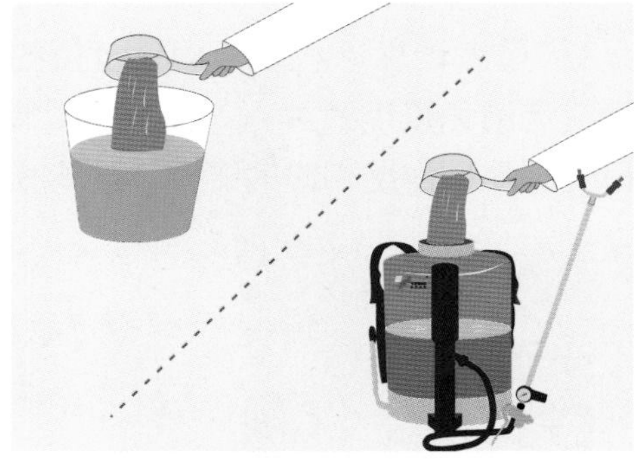

图8-5　疫苗混匀和转移

（6）手持喷雾器喷杆持续加压，喷头距离饲料15～20厘米，匀速移动，每20秒对疫苗液摇匀一次，保证疫苗混悬液均匀喷洒在饲料上（图8-6）。

（7）喷完饲料，用手或铁锨搅拌饲料，保证均匀、无结块（图8-7）。

（8）重复喷雾拌料8～10遍，并将疫苗悬液全部喷完。所有疫苗悬液喷完后，应将饲料拢堆、搅拌，再拢堆、再搅拌，如此反复10遍以上，直到所有饲料混匀为止（图8-8）。

（9）将饲料平均分配到每个料盘，料盘根据鸡群密度均匀摆放，确保鸡群同步开食。

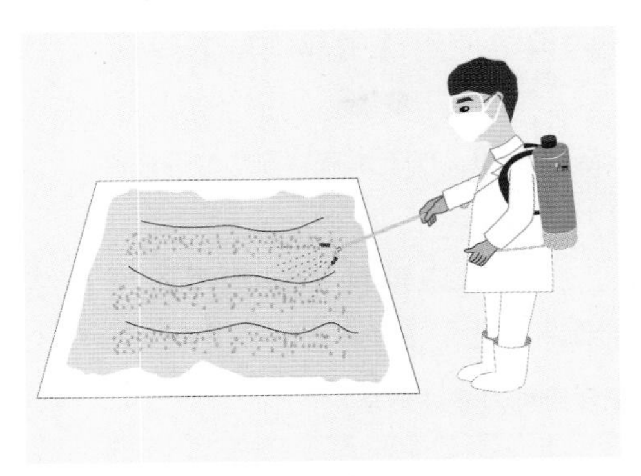

图8-6　喷洒疫苗

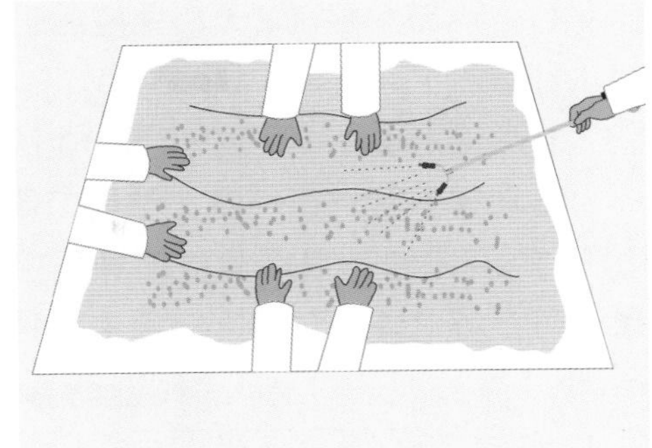

图8-7　混匀饲料

（10）每隔1小时赶一次鸡群，刺激采食，直至免疫完成（图8-9）。

（11）免疫操作完成后，依据球虫疫苗种类或遵医嘱，根据鸡舍大小和温湿度、垫料情况以及鸡群的免疫反应适时扩群、调整垫料。

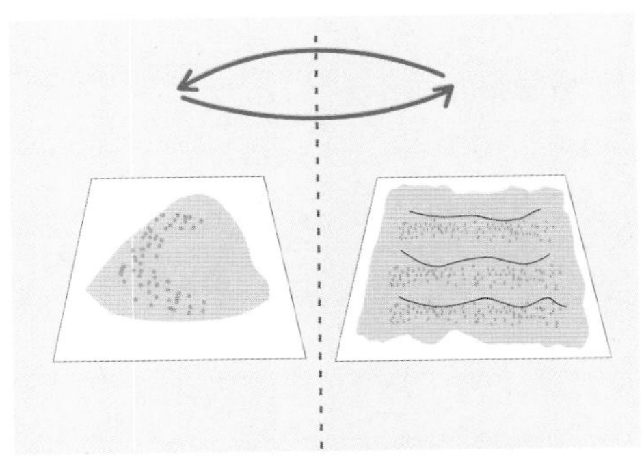

图8-8　拢堆、搅拌直至混匀

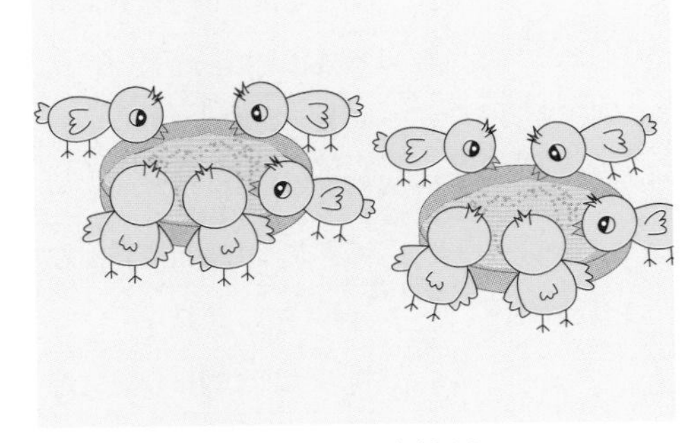

图8-9　开食给料

3.注意事项

（1）禁止使用结冰的球虫疫苗。

（2）疫苗悬液不要超过喷雾器容积的一半，便于喷雾期间摇晃均匀。

（3）建议采用单喷头、低功率喷雾器，避免饲料出现潮湿结块，也防止过早地喷完疫苗，造成喷雾不匀。

（4）禁止踩入塑料布内，确保免疫用的饲料干净、卫生。

（5）饲料出现潮湿、结块，是局部喷雾过量的原因，应及时碾碎、拌匀。

（6）采食完拌有疫苗的饲料大约需6小时，应及时观察鸡只采食情况，记录采食时间，填写《免疫信息实时记录表》。

（7）球虫免疫前2天、免疫后21天内慎重使用球虫药物或遵医嘱。

【清场】

1. 免疫完成后，将所有用具分类统一消毒处理，废弃疫苗瓶放入消毒桶。

2. 对拌料区进行检查、整理、清扫、消毒。

【免疫评估】根据免疫接种质控点，评估球虫疫苗拌料免疫过程和结果，可参考《球虫疫苗拌料免疫接种质量评估表》（表8-1）。

表8-1 球虫疫苗拌料免疫接种质量评估表

球虫疫苗拌料免疫接种质量评估表				
鸡场名称：		免疫鸡舍：	免疫队长：	
免疫时间：		评估时间：	评估人：	
评估项目	序号	具体内容	评分标准	得分
免疫准备	1	入场（舍）着装及其他防护良好	6	
	2	免疫用具准备齐全并消毒	8	
	3	检查核对疫苗种类、厂家、批次、有效期和物理性状	7	
	4	疫苗溶液摇匀	9	
免疫操作	1	喷雾均匀	10	
	2	喷雾过程中疫苗定时摇匀	10	
	3	拌料均匀，无结块	10	
	4	料盘摆放、饲料分配均匀	10	
	5	采食时间与计划时间一致	10	
免疫结果	1	嗉囊饱满度比例应不低于95%	8	
	2	拌料区域清理消毒	8	
	3	及时给新料	2	
	4	填写《免疫信息实时记录表》	2	
总分			100	
总评				

注：1. 得分对应：≥95为优秀，80～94为良好，60～79为一般，≤59为差。

2. 嗉囊饱满度：拌料饲喂2小时后，随机抽查雏鸡吃料情况，每栏抽检100只鸡，检测嗉囊应厚实饱满，嗉囊饱满的鸡比例应不低于95%。

【附录】见《免疫信息实时记录表》。

第二节　球虫疫苗喷雾免疫接种SOP

【目的】规范球虫疫苗喷雾免疫操作，保证免疫过程的安全、准确、有效。

【适用范围】适用于孵化场内1日龄雏鸡的球虫疫苗喷雾免疫。

【责任者】免疫队、质量监督部相关人员。

【正文】

1.物品清单　球虫疫苗、稀释液（蒸馏水或纯净水）、免疫泡腾片(红色)、量杯（2升、2个）、10毫升注射器、玻璃棒、喷雾机等。

2.免疫操作

（1）设备调试

①喷雾机接通气源，设定合适履带带速（常设定7万只/小时），喷雾气压0.14兆帕；根据喷雾的状况，调整电子眼的位置。

②喷雾剂量检测与调试　球虫喷雾机单个喷头的剂量是10.5毫升，两个喷头的剂量为21毫升。一般情况下不需调节。

（2）疫苗领用及稀释

①按照免疫鸡盒数计算稀释液数量。每次配制10 000只为宜，便于疫苗摇匀。

稀释液数量=鸡盒数×21毫升×(1+5%)

②按免疫用量计算本次免疫所需疫苗、稀释液数量、免疫泡腾片数量，按需领用，检查核对疫苗种类、厂家、批次、有效期和物理性状等，填写《免疫信息实时记录表》。

③量杯内加入计算好的稀释液，并加入免疫泡腾片作用5分钟。

④从冰箱内取出球虫疫苗，拉开疫苗瓶铝盖，颠倒混匀疫苗。

⑤打开疫苗瓶橡胶塞，疫苗倒入配置好的稀释液内，使用稀释液冲洗疫苗瓶和瓶盖3～5次。

⑥将配置好的疫苗液倒入喷雾机疫苗桶内。

（3）喷雾免疫

①起动喷雾机，打开履带开关，球虫喷雾机启动，开始喷雾免疫。

②将装满鸡苗的鸡盒放置履带上，进行喷雾免疫。

③双手水平端出雏鸡盒平铺于100勒克斯光照下30分钟再上下摞起，置于指定位置待转运。

3. 免疫注意事项

（1）履带速度设置和运行符合标准，鸡盒位置不要越过电子眼位置。

（2）鸡只在盒内分布均匀，无聚堆现象。

（3）喷雾剂量准确，喷雾均匀一致。

（4）鸡苗喷雾完毕，移出电子眼后，方可手动拿出鸡盒。

【清场】

1. 免疫完成后，将所有用具分类统一消毒处理，废弃疫苗瓶放入消毒桶。

2. 免疫操作人员对配苗区和免疫区进行检查、整理、清扫，配苗区进行消毒。

【免疫评估】根据免疫接种质控点，评估球虫疫苗喷雾免疫过程和结果，可参考《球虫疫苗喷雾免疫接种质量评估表》（表8-2）。

表8-2　球虫疫苗喷雾免疫接种质量评估表

球虫疫苗喷雾免疫接种质量评估表				
鸡场名称：		免疫鸡舍：	免疫队长：	
免疫时间：		评估时间：	评估人：	
评估项目	序号	具体内容	评分标准	得分
免疫准备	1	免疫操作人员着装及其他防护良好	6	
	2	免疫用具准备齐全并消毒	7	
	3	核对疫苗种类、厂家、批次、有效期和物理性状	6	
	4	是否使用诱食剂(如免疫泡腾片)	5	
	5	合理配制疫苗	6	
免疫操作	1	喷雾气压0.14兆帕	10	
	2	履带运行速度合适	10	
	3	鸡盒放置位置不越过电子眼位置	10	
	4	喷雾剂量准确、喷雾均匀	10	
	5	喷雾结束雏鸡盒在100勒克斯光照下30分钟	10	
	6	啄羽染色率不低于95%	10	

（续）

球虫疫苗喷雾免疫接种质量评估表				
免疫结果	1	废弃疫苗瓶放入消毒桶中消毒处理	6	
	2	喷雾器管线酒精消毒30分钟	3	
	3	填写《免疫信息实时记录表》	1	
总分			100	
总评				

注：1.得分对应：≥95为优秀，80～94为良好，60～79为一般，≤59为差。

2.啄羽染色率：喷雾10分钟后随机抽查鸡苗啄羽染色状况，每批次抽检10盒鸡苗，鸡舌边缘或中央应呈红色或粉红色，羽毛应呈红色，啄羽染色比例应不低于95%。

【附录】见《免疫信息实时记录表》。

附　录
APPENDIX

附录一　疫苗质量核对记录表

疫苗质量核对记录表												
序号	日期	疫苗名称	运输方式	疫苗信息			疫苗质量			核对是否合格	核对人
			冷链运输是否正常	疫苗标签标示是否清晰	疫苗资质文件是否齐全	是否在有效期内	外包装是否完整	疫苗瓶是否完整	疫苗物理性状是否正常		
			是□ 否□	是□ 否□	是□ 否□	是□ 否□	是□ 否□	是□ 否□	是□ 否□	是□ 否□	
			是□ 否□	是□ 否□	是□ 否□	是□ 否□	是□ 否□	是□ 否□	是□ 否□	是□ 否□	
			是□ 否□	是□ 否□	是□ 否□	是□ 否□	是□ 否□	是□ 否□	是□ 否□	是□ 否□	
			是□ 否□	是□ 否□	是□ 否□	是□ 否□	是□ 否□	是□ 否□	是□ 否□	是□ 否□	
			是□ 否□	是□ 否□	是□ 否□	是□ 否□	是□ 否□	是□ 否□	是□ 否□	是□ 否□	
			是□ 否□	是□ 否□	是□ 否□	是□ 否□	是□ 否□	是□ 否□	是□ 否□	是□ 否□	
			是□ 否□	是□ 否□	是□ 否□	是□ 否□	是□ 否□	是□ 否□	是□ 否□	是□ 否□	
			是□ 否□	是□ 否□	是□ 否□	是□ 否□	是□ 否□	是□ 否□	是□ 否□	是□ 否□	
			是□ 否□	是□ 否□	是□ 否□	是□ 否□	是□ 否□	是□ 否□	是□ 否□	是□ 否□	
			是□ 否□	是□ 否□	是□ 否□	是□ 否□	是□ 否□	是□ 否□	是□ 否□	是□ 否□	
			是□ 否□	是□ 否□	是□ 否□	是□ 否□	是□ 否□	是□ 否□	是□ 否□	是□ 否□	
			是□ 否□	是□ 否□	是□ 否□	是□ 否□	是□ 否□	是□ 否□	是□ 否□	是□ 否□	
			是□ 否□	是□ 否□	是□ 否□	是□ 否□	是□ 否□	是□ 否□	是□ 否□	是□ 否□	
			是□ 否□	是□ 否□	是□ 否□	是□ 否□	是□ 否□	是□ 否□	是□ 否□	是□ 否□	

附录二　疫苗出入库登记表

疫苗出入库登记表											
序号	日期	出/入库	疫苗名称	生产厂家	规格	数量	有效期至	储存条件	冷藏设备编号	剩余数量	经办人	备注
		出□　入□										
		出□　入□										
		出□　入□										
		出□　入□										
		出□　入□										
		出□　入□										
		出□　入□										
		出□　入□										
		出□　入□										
		出□　入□										
		出□　入□										
		出□　入□										
		出□　入□										
		出□　入□										
		出□　入□										
		出□　入□										

附录三　疫苗领用申请表

疫苗领用申请表			
申请人		申请日期	
养殖场名称		养殖场地址	
免疫数量		免疫时间	
申请物品	规格	申请数量	备注
养殖场场长确认			
质量监督部意见			

附录四 保存设备使用记录表

保存设备使用记录表					
日期	时间	设备编号	运行状态是否正常	记录人	备注
			是□ 否□		
			是□ 否□		
			是□ 否□		
			是□ 否□		
			是□ 否□		
			是□ 否□		
			是□ 否□		
			是□ 否□		
			是□ 否□		
			是□ 否□		
			是□ 否□		
			是□ 否□		
			是□ 否□		
			是□ 否□		
			是□ 否□		
			是□ 否□		
			是□ 否□		
			是□ 否□		
			是□ 否□		
			是□ 否□		
			是□ 否□		
			是□ 否□		

附录五　免疫信息实时记录表

记录时间：　　　　　　　　　　　　　　记录人：

鸡场信息	名称：		详细地址：		
	养殖方式：			计划免疫时间：	
	场区联系人：			联系方式：	
鸡群信息	品种：		日龄：		
	数量：		待免疫疫苗：		
			免疫方式：		
物品领用信息	疫苗		数量____箱（盒）____瓶		
	稀释液		数量____箱（盒）____瓶		
	其他________		数量________		
疫苗信息	疫苗名称	生产厂家	规格	批号	有效期
免疫前确认信息	精神正常（　）		采食量正常（　）		粪便正常（　）
	最近死淘情况（　）		呼吸道正常（　）		产蛋率正常（　）
免疫方法	滴鼻/点眼	皮下注射	肌内注射	刺种	其他______
免疫剂量	羽份		倍量	毫升	其他______
免疫部位	鼻、眼	左、右胸	左、右腿	左、右翅根	其他______
免疫队分工和分组	队长______队员____________			开始及结束时间	
	1～2面________3～4面________			5～6面______7～8面______	
物品归还信息	疫苗		数量____箱（盒）____瓶		
	稀释液		数量____箱（盒）____瓶		
	其他______		数量______		
免疫后确认情况	实际免疫数量：		挑出弱残数量：		
	实用疫苗数量：		疫苗瓶清点及无害化处理：		
免疫评估	总评得分：		评估人：		

附录六　免疫设备出入库登记表

免疫设备出入库登记表										
日期	出/入库	设备名称	规格	数量	是否完整	是否消毒	领用人	经办人	归还日期	备注
	出□　入□				是□　否□	是□　否□				
	出□　入□				是□　否□	是□　否□				
	出□　入□				是□　否□	是□　否□				
	出□　入□				是□　否□	是□　否□				
	出□　入□				是□　否□	是□　否□				
	出□　入□				是□　否□	是□　否□				
	出□　入□				是□　否□	是□　否□				
	出□　入□				是□　否□	是□　否□				
	出□　入□				是□　否□	是□　否□				
	出□　入□				是□　否□	是□　否□				
	出□　入□				是□　否□	是□　否□				
	出□　入□				是□　否□	是□　否□				
	出□　入□				是□　否□	是□　否□				
	出□　入□				是□　否□	是□　否□				
	出□　入□				是□　否□	是□　否□				
	出□　入□				是□　否□	是□　否□				
	出□　入□				是□　否□	是□　否□				
	出□　入□				是□　否□	是□　否□				
	出□　入□				是□　否□	是□　否□				
	出□　入□				是□　否□	是□　否□				
	出□　入□				是□　否□	是□　否□				
	出□　入□				是□　否□	是□　否□				
	出□　入□				是□　否□	是□　否□				
	出□　入□				是□　否□	是□　否□				

附录七　马立克氏病液氮苗免疫接种流程图

物品准备：操作人员做好防控，准备好雏禽自动注射机、注射器、16号针头等物品。

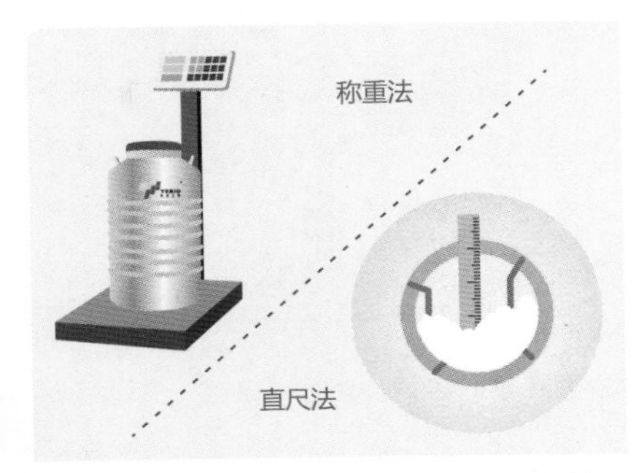

液氮日检：常采用称重法或直尺测量法，每天检查液氮罐中的液氮，确保疫苗一直存放在液氮面下。

稀释液准备：马立克氏病液氮苗专用稀释液使用前回温至25～30℃，用75%酒精棉球擦拭稀释液袋/瓶口，消毒备用。

疫苗提取：迅速从液氮罐中取出一支有疫苗安瓿瓶的铝卡条，从最上方开始依次取下1瓶倒置状态的疫苗，安瓿瓶在空气中不要超过5秒。

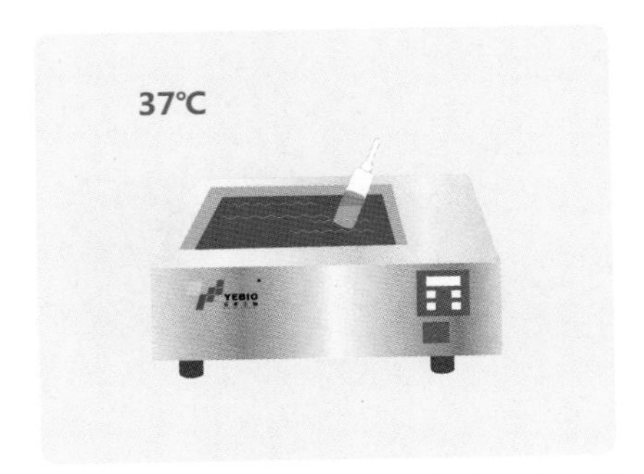

水浴回温：立即放入水浴锅中，完全解冻，解冻时间不超过60秒。

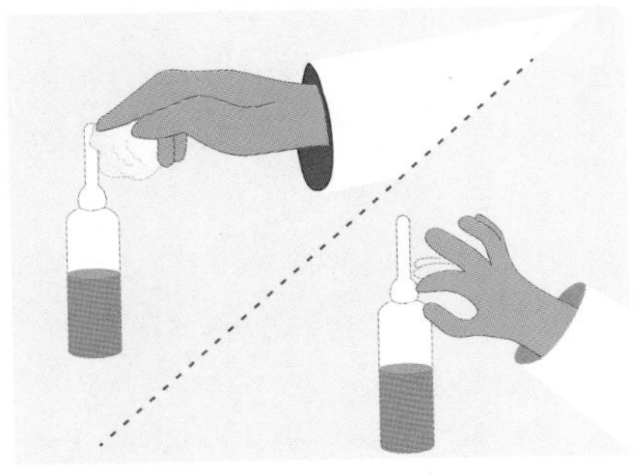

开瓶准备：从水浴锅内取出疫苗瓶，擦干；轻弹疫苗瓶顶端。

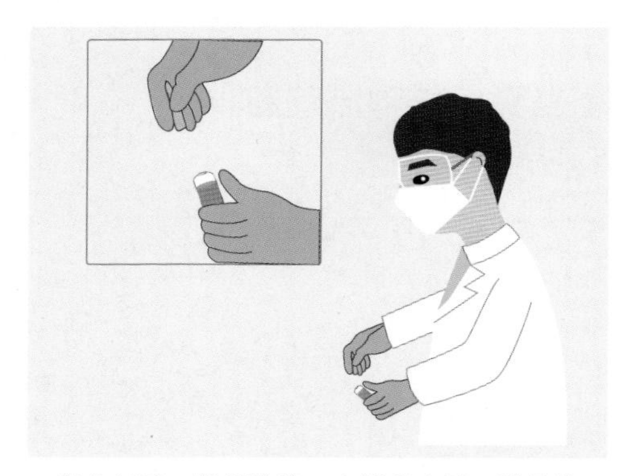

安全打开：做好防护，在远离自己一臂远处，捏住瓶顶端在瓶颈处掰开。

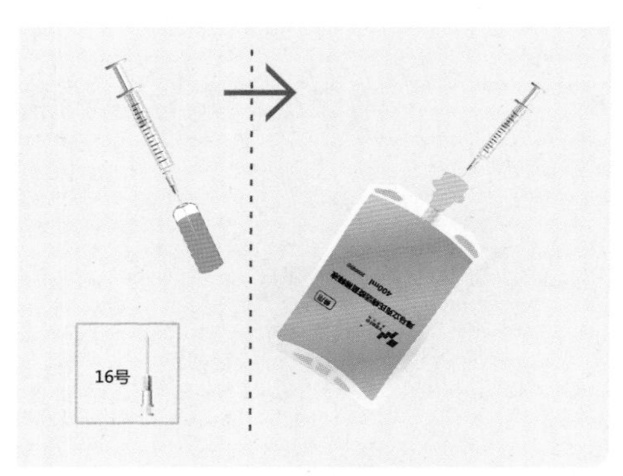

无菌稀释：用注射器从疫苗瓶中吸出疫苗，缓慢沿稀释液袋/瓶壁注入。

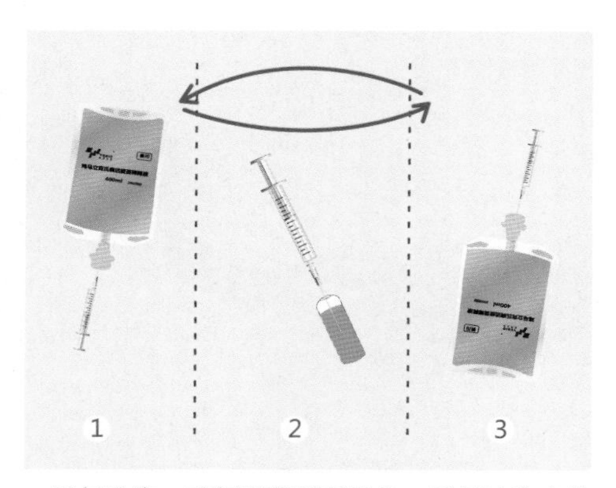

反复洗涤：重复无菌稀释操作，反复冲洗疫苗瓶3次。

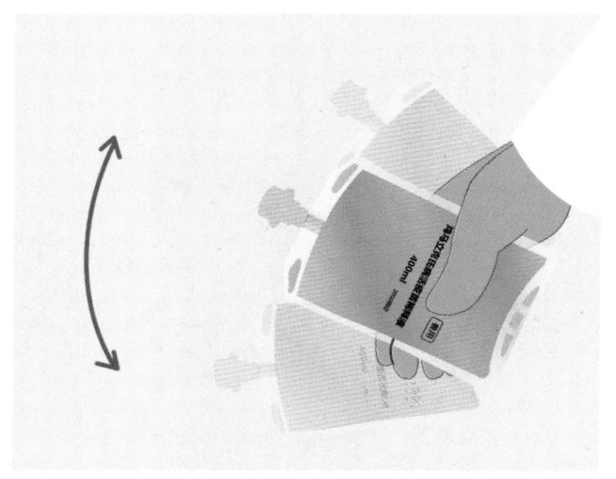

充分混匀：轻轻倒转、滚动稀释液袋/瓶，充分混合疫苗。

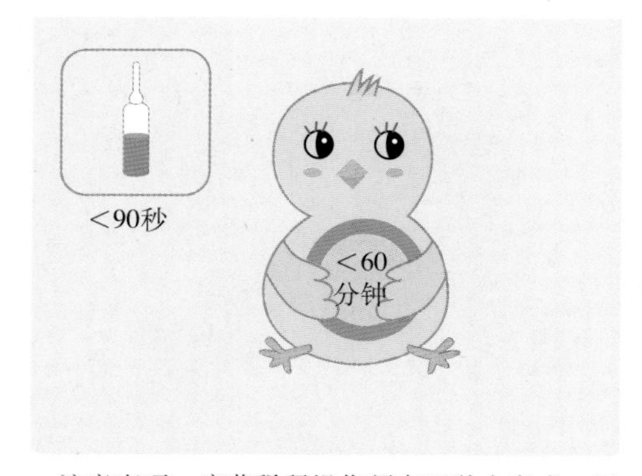

注意事项：疫苗稀释操作须在90秒内完成，同时严格控制使用时间不超过60分钟。

清场消毒：免疫完成后将所有用具分类统一消毒处理，废弃疫苗瓶放入消毒桶，针头放入损伤性废物容器内。

附录八　球虫疫苗拌料免疫流程图

物品准备：操作人员做好防控，准备好球虫疫苗、颗粒饲料、喷雾器、塑料布、铁锹、水桶、水瓢等物品。

料水数量：饲料用量根据免疫当天鸡采食量的1/3料量来计算，水量根据采食量的15%计算，保证鸡充分采食6小时以上。

平铺饲料：称好的饲料平铺在准备好的塑料布上，厚度≤3厘米。

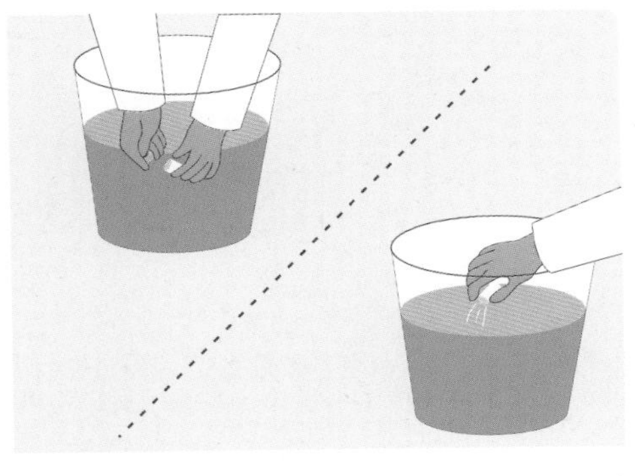

疫苗稀释：从冰箱中取出疫苗，在处理好的稀释用水液面下打开疫苗瓶，反复冲洗5次。

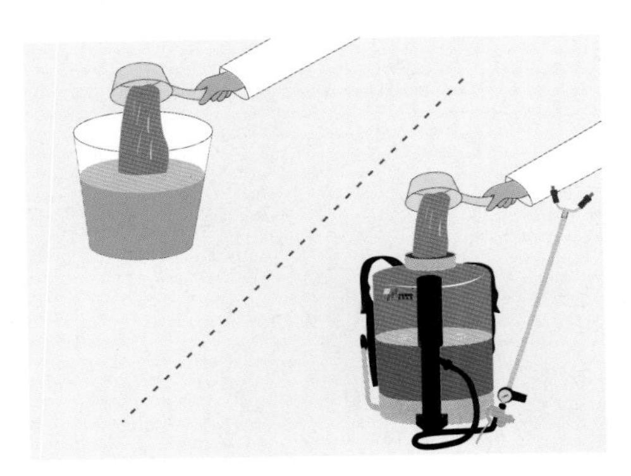

疫苗装量：用水瓢混匀配制好的疫苗悬液后，按喷雾器一半的装量添加疫苗悬液。

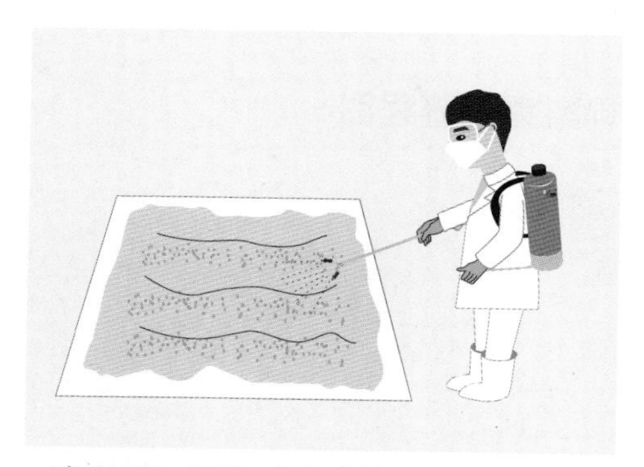

喷雾饲料：适速、均匀喷料8～10次，喷头距饲料表面15～20厘米；喷料时不停摇动喷雾器，避免卵囊沉在底部。

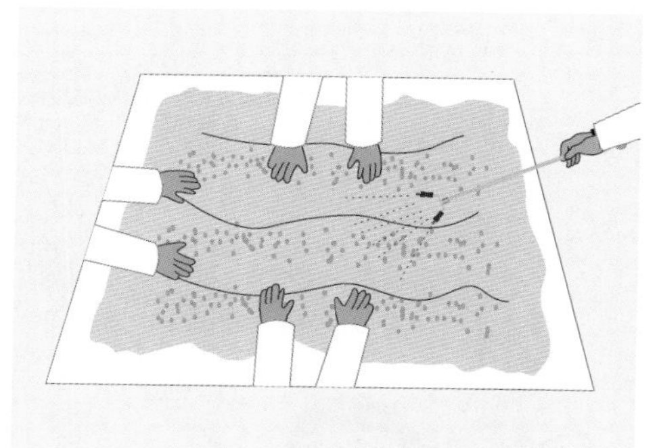

混匀饲料：喷料时4～6人不断搅匀喷过的饲料。

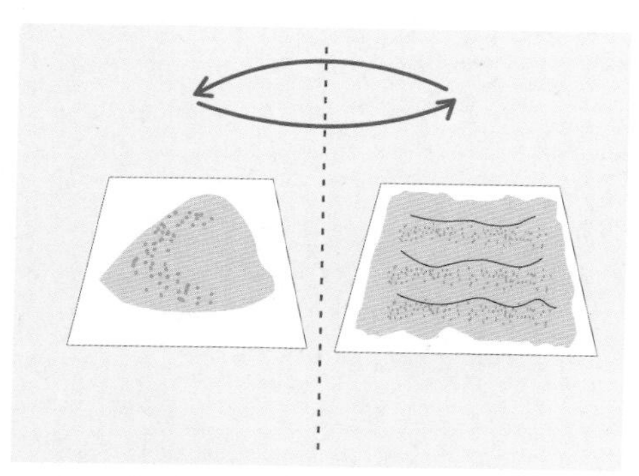

再次混匀：所有疫苗悬液喷完后，应将饲料拢堆、搅拌，再拢堆、再搅拌，如此反复10遍以上，直到所有饲料混匀为止。

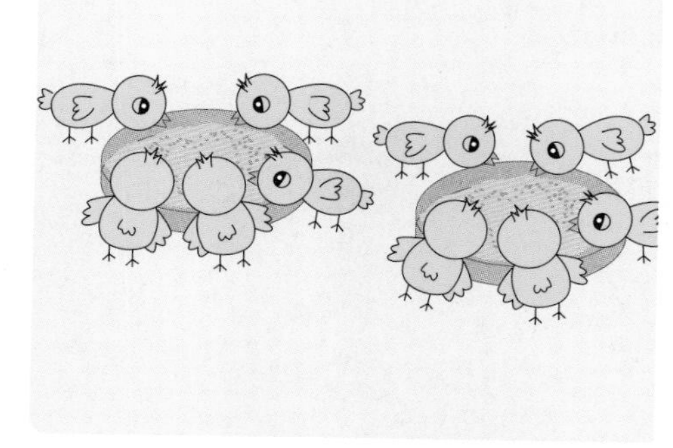

开食给料：将饲料平均分配到每个料盘，料盘根据鸡群密度均匀摆放，确保鸡群同步开食。每隔1小时赶一次鸡群，刺激采食，直至免疫完成。

图书在版编目（CIP）数据

禽用疫苗接种质量管理规范/刘东，张翔，刘丰波主编．—北京：中国农业出版社，2022.1
ISBN 978-7-109-26906-4

Ⅰ.①禽… Ⅱ.①刘…②张…③刘… Ⅲ.①家禽-预防接种-质量管理-管理规范 Ⅳ.①S851.35-65

中国版本图书馆CIP数据核字（2020）第091975号

中国农业出版社出版
地址：北京市朝阳区麦子店街18号楼
邮编：100125
责任编辑：肖　邦
版式设计：王　晨　　责任校对：赵　硕
印刷：北京中科印刷有限公司
版次：2022年1月第1版
印次：2022年1月北京第1次印刷
发行：新华书店北京发行所
开本：700mm×1000mm　1/16
印张：11
字数：175千字
定价：120.00元
